아이의 말 그릇으로
자존감 높이는 협력놀이

아이의 말 그릇으로 자존감 높이는 협력놀이

강진하 지음

한국경제신문 *i*

차례

PART 1

내면이 단단한 아이는
왜 협력놀이를 잘할까?

내면이 단단한 아이는
왜 협력놀이를 잘할까?

"인간은 사회적 동물이다"라고 아리스토텔레스(Aristoteles)가 말했다. 인간은 태어나서 죽을 때까지 관계를 이루며 살아간다. 어린아이도 가족 구성원으로서 관계를 맺는다. 부모가 아이의 의견을 존중해주며 수직관계가 아닌 수평관계를 유지한다. 아이는 소통과 교감을 통해 얻은 지혜로 또 다른 아이와 수평관계를 유지할 수 있다.

코로나19 이후로 가정에서 부모의 역할이 커졌다. 이 위기 속에서 내면이 단단한 아이로 성장하기 위해서는 가정, 학교, 사회가 아이 중심으로 삼각형 시스템 협업 관계를 이뤄 서로 격려와 박수를 더 많이 보내줘야 한다. 내면이 단단하지 않은 아이는 협력놀이를 진행하면 상대를 적이나 경쟁상대로 인식해 적대감정을 갖고 비협조적인 태도를 나타내기도 한다.

저자는 아이가 태어나면서부터 공동체 육아에 관심이 많았다. 부모의 재능으로 아이들의 마음을 그 누구보다 이해하고 공감할 수 있다고 생각했다. 내면이 단단해지고 나아가 세상을 자기주도적으로 살아가는 행복한 아이가 더 많아졌으면 하는 바람이 컸다. 그 바람대로 이뤄지지는 않았지만, 아이가 다니는 어린이집에 재능기부를 시작했다. 체육놀이를 함께하며 정서와 신체가 골고루 발달할 수 있게 도왔다. 특수학급 아이들을 비롯해 다양한 여러 아이들이 내면이 단단한 아이로 성장하는 모습을 지켜보면서 내가 가야 할 길이라고 생각하게 됐다.

내면이 단단하지 못한 아이의 특징은 다음과 같다.

첫째, 눈빛과 표정부터가 다르다. 상대의 눈을 마주치지 못하고 시선을 회피한다. 시선을 어디에다 둬야 할지 안절부절못한다. 친구들과 문제를 해결하려고 하지만 함께 어울리지 못한다.

둘째, 위축된 말과 행동을 하거나 거친 언어와 절제되지 못한 행동으로 친구들에게 불편함을 준다. 예를 들어, 과제를 수행해보기도 전에 새로운 과제에 대한 불편한 마음을 드러내며 "이걸 어떻게 해?", "이거 못 해"라고 이야기한다.

셋째, 놀이 시간을 즐기지 못한다. 실패라는 결과를 미리 정해놓고 과제를 수행한다. 적극적이지 못한 태도로 같은 팀의 아이들에게까지 좋지 못한 영향을 줘서 실패라는 결과를 빚는다.

넷째, 실패하지 않기 위해 경직된 자세를 보이며 실수를 창피하게 생각한다. 또는 실수나 좋지 않은 감정을 숨기기 위해 더 짓궂게 장난을 한다. 내가 할 수 있는 영역의 행동에 선을 긋는 등 도전에 대해 두려움을 갖고 있다는 게 보인다. 다른 친구들이 실수했을 때 기회는 이때라고 생각하고 "똑바로 해!" 등의 말로 친구를 깎아내리기도 한다.

다섯째, 친구들의 말 한마디 한마디를 예민하게 받아들인다. 목소리를 높이는 등 예민한 반응으로 자신을 방어하며 "너 때문에 졌어"라고 실수를 타인의 탓으로 돌린다.

여섯째, 독불장군처럼 친구의 이야기에 귀 기울이지 않는다. 서로 타협하는 데 미숙하다. 또는 타인과 나 사이에서 자신의 목소리를 내지 못한다. 타인을 의식하며 친구들이 하는 대로 따라가는 모습을 보인다.

내면이 단단하지 못한 아이들 대부분은 가족과의 소통이 잘되지 않는다. 아이들과의 소통은 아이의 관점에서 문제를 바라보고 함께 공감해줬을 때 이뤄진다. 아이들은 소통의 부재로 스트레스를 받고 감정적으로 표현한다.

아이들이 문제 행동을 보인다면 도와 달라는 신호로 받아들이고, 적극적으로 도와야 한다. 아이들은 실수와 실패를 거듭하며 경험을 쌓는다. 이것이 하나의 성공 키워드로 연결되는 길이다. 여기서 배움이 일어나는 것이다. 몸이 성장하면 생각도 성장해야 하는

데, 실패와 실수가 없다면 성장의 기회를 놓치는 것이다. 아이들이 성장하려면 성공을 위해 자신이 해보지 않은 일에 도전해야 한다. 실패와 실수의 횟수를 줄이겠다는 목표를 갖고 나아가야 한다. 아이들이 실수했을 때 우리는 박수 쳐주며 아이의 감정에 귀 기울이고 격려의 말로 힘을 불어넣어 줄 수 있어야 한다.

우린 실패와 실수를 통해 당당하게 성공의 길로 나아가는 아이들의 안내자가 돼야 한다. 여기서 조심해야 할 사항이 있다. 억압과 통제 속에서 배울 수 있는 건 분노뿐이고, 이러한 분노가 쌓이면 화를 내게 된다는 것이다. 협력놀이 교육은 아이들에게 '무엇이 힘든지, 무엇이 되지 않는지' 놀이 과정에서 상대의 감정을 살피고 공감하는 마음에서 시작돼야 한다. 그러면 내면이 단단하지 않은 아이들도 자신을 이해하고 적극적인 자세로 관계에 집중하며 협동할 수 있게 된다.

현대인은 다양하고 복잡한 인간관계 속에서 살아간다. 사람의 관계는 서로에 대해서 좋은 호감을 갖고 같은 목표를 향해 함께 일하는 협동적 상호작용이 있다. 협력놀이를 잘하는 내면이 단단한 아이가 있다. 그런 아이의 특징은 다음과 같다.

첫째, 눈이 마주치면 꽃사슴처럼 초롱초롱 눈을 빛내며 웃어 보인다. 쾌활한 행동과 목소리로 자신의 존재가 밝다는 것을 알려준다.

둘째, 말과 행동하는 데 긍정적인 단어를 많이 사용하며 친화력을 갖고 아이들과의 관계를 소화해낸다. "괜찮아, 그럴 수 있어", "힘내 보자!"라는 말로 다른 친구들에게도 긍정적인 영향을 준다. 분위기를 긍정적으로 바꾸는 능력이 있다.

셋째, 새로운 과제에도 실패와 실수를 두려워하지 않는 진취적인 자세를 보인다. 도전해보는 자세를 가졌으며 "그럴 수 있어"라고 친구들을 격려한다. 좌절을 견디는 힘이 강하다.

넷째, 새로운 일에 열정을 다해 도전한다. 즐거운 마음으로 그 일을 빨리하고 싶어 하고, 온몸으로 그것을 표현한다. 때로는 오두방정을 떠는 것처럼 느껴질 때도 있다. 너무 흥분한 상태는 부상을 일으킬 수 있으니 주위를 살피며 놀이에 참여하도록 지도해야 한다.

다섯째, 타인이 좋지 않은 말을 할 때 관점을 바꿔 긍정적으로 받아들인다. 마음에 상처를 입지 않고 넘어가는 재치가 있다. 예를 들면 "너 오늘 머리에 폭탄 맞았냐?"라는 말에 "네가 요즘 스타일을 모르네, 유행하는 나만의 스타일이야!"라고 웃으며 유연하게 대처한다. 아이의 그런 모습에 나도 놀란 적이 있었다.

여섯째, 자신의 의사 표현을 확실하게 한다. 다른 친구들의 의견도 수용하며, 결단력 있는 행동을 보인다. "이거 괜찮은 방법이네"라며 친구들의 의견을 존중하고 적용해보기도 한다.

일곱째, 창의적이다. 무한한 창의력으로 자신의 능력을 최대한 발휘해 놀이에 적용한다. 본인이 의도했던 놀이는 아니더라도 타인의 아이디어를 받아들이기도 한다. 자신만의 색깔로 바로 적용해 보고 놀이를 만들어간다.

　나는 기존에 세웠던 규칙을 깨고 아이들이 만든 새로운 프레임으로 규칙과 계획을 즉흥적으로 반영하기도 한다. 이 방법은 아이들의 자기효능감을 높이고, 자기 주도적으로 일을 이끌어갈 수 있도록 한다. 내가 긍정적으로 아이들을 바라보면 그 아이들도 또 다른 아이에게 긍정적인 에너지를 발휘할 수 있는 영양분이 됐고, 내게도 좋은 영양분을 제공했다.

　때로 아이들은 정해 놓은 규칙 안에서 비판적인 사고로 내게 질문을 던진다. 아이들이 자기 생각을 분별 있게 이야기하면 나도 덩달아 신이 나 수업에 참여한다. 자기 생각을 꺼내어 말로 표현하고 자신의 말을 책임지려 하는 노력을 보며 감동받을 때도 있다. 우리가 생각했던 것보다 무한한 가능성을 가진 아이들이 많다.

　내면이 단단한 아이는 똑같은 과제를 수행해도 문제해결 방법을 대하는 생각이나 말과 행동이 달랐다. 자신이 해보지 않았지만 "한번 해볼까?"하는 긍정적인 모습을 보였다. 이미 실패를 예상한 아이들에게 "한번 해보자!", "할 수 있을 거 같아"라고 말하며 과제를 긍정적인 방향으로 이끌어갔다. 협력놀이에 재미가 더해지면 환한 얼굴로 보답하며 자신을 조금씩 드러내 보였다. 아이들과의 관계에 몰입하며 온전히 놀이에 집중하는 모습을 볼 수 있었다. 아이들은 서로 협업하며 문제를 해결하기 위해 원만한 관계를 유지했다. 내면이 단단한 아이는 칭찬과 격려의 말로 실수한 아이들의 공감을 끌어내며 분위기를 즐겁게 이끌어갔다. 의견이 맞지 않아 싸울 때도 있었지만 대부분 놀이를 통해 아이들은 원만한 관계로 지낼 수 있었다.

상대가 실수했을 때
격려하고 응원 보내기

코로나19 팬데믹(Pandemic, 세계적 유행) 이후의 환경이 삶을 변화시켜 놓았다. 학교가 아니라 가정이 교육의 장이 돼버린 것도 그중 하나다. 그 외에도 많은 사람이 마스크 쓰기와 거리 두기에 익숙해졌다. 온라인 수업이 활성화돼 그만큼 아이들이 새로운 환경에서 새로운 친구들을 사귈 기회가 줄어들었다. 그리고 심리적 위축으로 마스크를 벗고 얼굴을 보여주는 행위에 부담이 커졌다. 실수했을 때 격려도 하며 관계를 배울 기회가 그만큼 줄어든 셈이다.

'한 아이를 키우기 위해 온 마을 사람들이 필요하다'라는 아프리카 속담이 있다. 저자는 한 아이를 성장시키는 동안 세 박자 육아를 이야기하고 싶다. 기본적으로 가정에서 유연하게 대처한다. 애착이 잘 형성돼야 한다. 내면이 단단한 아이가 되기 위해서는 가정에서의 교육 이후에 학교, 사회(학원, 교육 돌봄)가 함께 협업해 아이들을 성장시켜야 한다.

나는 협력놀이를 마음껏 실수하는 날이라고 정했다. 실수는 나쁜 것이 아니고, 실수를 인정하고 이를 발판 삼으면 발전하는 아이로 성장할 수 있는 기회를 만들어주고 싶었다. 실수나 실패는 누구나 하기 마련이다. 누구나 처음부터 잘하는 일이 없고 경험이 없는 아이일수록 실수를 한다. 결과가 어찌 됐든 겸허히 받아들이고 다음엔 더 나은 삶을 살아야 한다.

나는 아이들이 분노, 좌절, 슬픔, 기쁨, 환희, 즐거움 등 여러 부정적이고, 긍정적인 감정을 느낄 수 있게 도와줬다. 감정표현은 내면의 걸림돌이 없어야 서로 격려하고 응원할 수 있다. 실수를 두려워하는 순간 도전은 멈추게 된다. 하지만 실수는 성장의 원동력이 되고, 배움을 이어가게 해준다. 실수를 많이 하고 난 이후의 성취감은 아이를 꿀맛과도 같은, 내면이 단단한 아이로 키워낸다. 그러니 실수가 다 나쁜 것은 아니다. 특히 아직 서툰 게 많은 아이는 건강하게 성장하고 있다는 것을 알게 해주는 신호다. 실수를 많이 하는 아이일수록 그때마다 격려하고 응원을 보내면 아이는 내면이 단단한 아이로 성장한다. 그리고 내면이 단단한 아이는 다른 아이를 격려하고 응원할 수 있는 아이로 성장한다.

코로나19 팬데믹으로 대면 활동이 줄어들면서 친구들과 놀이를 해본 적이 없는 아이들이 많아졌다. 친구들의 마음을 보지 못하고 자신의 감정과 승부욕만 앞세우는 아이들이 많아서 처음 협력놀이를 진행했을 때는 혼란스러웠다. 아이들끼리 이견조율이 어려워 싸우고 감정의 골이 깊어지기도 했다. 그렇게 서로 간의 경쟁은 과욕을 부리는 놀이로 표출됐다. 나는 선의의 경쟁을 위해 '팀 경쟁력'을 놀이의 주제로 설정했다.

'협력놀이에서는 경쟁이 중요한 게 아니라 함께 즐거운 마음으로 참여하는 것이 중요하다'라고 매시간 아이들에게 알려줬다. 긍정적인 격려의 말과 응원은 긍정의 분위기를 만들 수 있다. 꾸중보다 칭찬이 훨씬 효과적인 교육법이란 사실은 우리 모두 잘 알고 있다. 그러나 응원할 때 아이들은 칭찬의 말보다 비난의 말을 더 많이 사용했다.

"야, 너 똑바로 해!"

"너 때문에 떨어졌잖아!"

"빨리빨리 해!"

내면이 단단하지 않은 아이들은 고정형 사고방식을 지녔다. 실패 확률을 낮추기 위해 실수할 수 있는 일들을 회피하고 잘할 수 있는 일만 찾아다닌다. 빨리 못하면 남을 탓하고 시비를 건다. 자신의 행동은 돌아보지 않는다. 어디에서부터 비롯된 것들일까?

부정적인 분위기를 조성하며 남을 비난하고 탓하는 아이들이 있다. 이 아이들과 다른 친구들의 협력을 끌어내려면 분위기를 빨리 긍정적으로 바꿔줘야 한다. 이때 나는 잠시 숨을 고르고 "격려와 응원의 메시지로 뭐가 있을까?"라고 질문했다. 만약 강요로 아이들의 의견을 긍정적으로 이끌어가려 한다면 아이들은 수동적인 의무감으로 놀이에 참여하게 된다. 강요가 들어가는 순간 협력놀이의 의미가 없어진다. 모두가 한마음으로 격려하고 응원하게 하려면 경직된 마음을 이완시켜줘야 한다. 그래야 즐거운 마음으로 놀이에 참여하게 되고 실수를 줄일 수 있다.

협력놀이는 격려와 응원의 말에서 시작되고 마무리가 돼야 한다. 격려와 응원은 긍정적인 분위기로 놀이를 이끌어가기에 협력놀이의 중요한 기본 언어다. 관계가 좋으면 서로 잘 통하고, 막힘없이 협력놀이를 잘해낸다.

저자는 배구 국가대표 김연경 선수를 좋아한다. 김연경 선수는 처음부터 타고난 배구선수가 아니었다. 중학교에 입학했을 때도, 학년이 바뀌고 주전 자리에 후배들이 들어왔을 때도 후배들에게 밀려 경기에 나가지 못한 날이 있었다. 그 상황에도 벤치에 앉아 신세 한탄을 하기보다 현재 자리에서 최선을 다할 수 있는 일을 찾았다. 바로 목청 높여 응원하는 일이었다. 김연경 선수에게 사람들의 시선은 중요하지 않았고 "그 응원은 나를 비롯한 모두를 위한 것이었다"라고 이야기했다. 이러한 자세로 초심을 잃지 않을 수 있었다. 김연경 선수가 쓴 《아직 끝이 아니다》에서 아이들에게 격려와 응원하는 방법을 배울 수 있다.

"괜찮아!"

"그럴 수 있어!"

"조금만 힘내 보자!"

내면이 단단한 아이들은 다른 아이들에게 분명한 격려와 칭찬의 말을 해준다. 친구들을 두루두루 잘 살피고, 어떤 격려로 위로를 줄 수 있는지, 어떤 응원으로 친구와 놀이를 좀 더 재미있게 만들 수 있는지, 친구들 의견을 신뢰하고 지지하며 해결책을 만들어 간다. 격려와 응원의 말은 어떤 도전들도 용감하게 받아들이고, 스스로 더 높은 차원으로 끌어올리게 도와준다. 아이는 자신의 삶에 만족하며 행복해한다. 친구들도 편안하게 대하니 좋아하고, 협력놀이를 잘할 수 있게 된다. 친구들이 실수했을 때 격려와 응원의 말로 분위기를 바꿀 수 있다.

내면이 단단한 아이는 성장형 사고방식으로 사고한다. 그에 따라 지능과 성격은 성장하면서 어떤 환경에 의해 노출이 되고, 아이들은 노력만 하면 모든 사람은 변할 수 있다고 생각한다. 아직 용기가 나지 않아 격려와 응원을 말하지 못하는 아이들도 있다. 그러면 말하기 연습을 시켜 보자. 좀 더 유연하게 친구와의 관계를 끌고 갈 수 있을 것이다. 나는 아이들에게 "친구들에게 용기를 주는 말이 뭐가 있을까?"라고 질문을 던진다. 용기 있는 격려와 응원은 친구가 내면이 단단한 아이가 될 수 있도록 길잡이 역할을 한다.

말은 연습하면 할수록 잘하게 되고 용기가 생긴다. 실수한 아이에게 격려와 응원의 말을 들었을 때 어떤 기분이 드는지 함께 말하는 연습을 함으로써 놀이에 집중할 수 있었다. 실수는 하지 않는 게 아니라 실수를 하면서 성장하는 것이다. 실수를 두려워하지 않는다면 즐거운 마음으로 놀이에 참여할 수 있다. 나는 아이가 친구들을 응원하는 것에 답을 정해 놓지 않는다. 수업시간마다 내가 했던 말이 있다.

"협력놀이에는 정답이 없고, 답도 정해져 있지 않습니다. 여러분들이 용기 하나로 만들어가는 시간입니다."

아이와 조화로운 삶을 살기 원한다면, 아이 앞에서 내 생각을 신중히 내뱉어야 한다. 아이의 실수와 실패는 성공으로 가는 중요한 체험이기 때문이다. 제3회 '세계 인성포럼'에 참여한 '하브루타부모교육연구소' 김금선 소장은 "아이의 첫 스승은 부모다"라고 말했다. 시대적으로도 가정의 역할이 커지면서 부모의 자리도 부담이 커졌다. 가정에서부터 아이들이 실수에 유연해질 수 있도록 도움을 줘야 한다.

소극적인 아이일수록 유연한 사고를 할 수 있도록 많은 경험이 필요하다. 작은 성취가 모여 내면이 단단해질 수 있다. 내면이 단단한 아이는 실수와 실패를 해보기도 하고, 격려와 응원을 받으며 성장한다. 보통 많은 친구 앞에서 실수하거나 넘어진 친구는 아픔보다 창피함이 더 커서 울음을 터뜨린다. 내면이 단단한 아이는 친구가 넘어졌을 때 자동으로 "괜찮아?"라고 물으며 친구의 몸 상태를 살피고 걱정한다. 그러면 너도나도 넘어진 친구에게 "괜찮아?"라고 물으며 걱정하는 분위기가 전염된다. 넘어진 아이도 통증이 밀려와 더 울 법도 한데 그 위로의 말 한마디에 통증을 참아내며 미소를 보이기도 한다. 내면이 단단한 아이가 그렇지 않은 아이에게 보내는 격려와 응원이 울음을 삼키고 견디는 힘을 준다는 것을 알 수 있다.

우리는 은연중 다른 사람의 행동을 거울처럼 비춘다. 거울은 내 모습뿐만 아니라 표정과 감정까지 보여준다. 내가 상대를 좋아하면 상대도 나를 좋아하고, 내가 상대를 싫어하면 상대도 나를 싫어하는 것이다. 내가 짜증을 내면 상대도 짜증을 낸다. 내가 먼저 웃어야 상대도 웃는다. 사람의 행동뿐만 아니라 사람의 마음도 신기하게 전염된다. 다른 아이가 실수했다면 격려하고 응원을 보내는 아이로 키워야 한다. 학교나 사회에서 일일이 다 챙겨 줄 수는 없다. 가정에서부터 아이의 실수를 '교육의 기회다'라고 생각해야 한다. 내 옆에서 항상 나를 응원하고 격려하는 가족이 있다면 마음이 든든할 것이다. 이를 배운 아이는 친구들에게 격려와 응원을 전염시킬 것이다.

어려운 상황에도 포기하지 않고
문제를 해결하는 능력이 뛰어나다

저자는 이 책을 내기까지 세 자녀를 키우면서 많은 어려움이 있었다. 계획을 세우고 목표를 잡고 이 상황을 포기하지 않고 문제해결을 하기 위해 즐거운 마음으로 인내하며 글을 썼다. 한국책쓰기강사양성협회를 만나 이 세상에 책이 나왔음을 과감하게 말을 할 수 있다. 내가 가진 경험으로 지식과 노하우는 있지만 글로 표현하는 것은 한계가 있었다. 포기하고 싶던 순간 한책협 김태광 대표는 내게 '나 자신을 믿으며 써 내려 가라'라는 말을 해주셨다. 머리를 싸매고 고민한 내용을 새벽 1시에 연락드려도 바로 답변해주셨다. 이러한 1:1 코칭으로 세심하게 알려주셨기에 포기하지 않고 글쓰기에 집중할 수 있었다. 두서없이 써 내려 갔던 원고가 형식을 갖출 수 있게 됐다. 서로 하고자 하는 마음이 맞으면, 리더는 어려움이 있어도 막힘이 있는 사람의 문제를 간결하게 해결하는 능력이 있다. 이 문화는 가정과 학교 그리고 사회가 함께 협업관계가 되지 않으면 힘들다. 어려운 상황에도 포기하지 않고 문제를 해결하는, 능력이 뛰어난 아이는 어떤 아이인지 살펴보겠다.

보는 관점이 다르다

내면이 단단한 아이들은 대체로 단순한 지식이나 고정관념에서 벗어나 '왜 그럴까?', '어떻게 하면 좋을까?', '더 좋은 방법은 없을까?' 의문을 품는다. 보는 관점이 다르기에 입장을 바꿔 생각한다. 말과 행동이 일치하게 긍정적인 방향으로 나아간다. 눈치가 빨라서 상대가 정말 무엇을 원하는지 알려고 관심을 기울인다. 친구들이 무엇을 원하는지 다른 관점으로 과제를 바라보고 다른 방법으로 문제를 해결해간다. 협력놀이는 서로 마음이 맞지 않으면 마음속에 부정적인 생각이 가득 차 문제해결이 되지 않는다. 그래서 보는 관점을 상대의 입장으로 투영해봐야 한다.

소통은 '서로 통해 오해가 없다'는 뜻이다. 이 소통을 주제로 지네발 수업을 했다. 지네발이 서로 연결되고 묶여 있어서 내가 가고 싶은 방향, 가고 싶은 장소에 갈 수 없다. 2인 1조로 연결해서 해보고, 4인 1조로 반 전체 친구들도 연결해 서로 호흡을 맞춰 해내기도 했다. 하지만 모든 반이 다 호흡이 맞았던 건 아니다. "아! 재미있을 거 같아"라고 받아들인 초등학교 1학년 아이들은 반 전체가 함께 호흡을 맞춰 걸었고 이 모습을 보고 감동했던 기억이 있다. 그런데 2학년 아이들 가운데 "저걸 어떻게 해?" 하는 부정적인 관점으로 바라보는 아이도 있었다. 그 친구들은 2인 1조도 소통이 되지 않아 힘들어했다.

인내가 필수다

어려운 상황에서도 포기하지 않고 문제를 해결하려면 기본적으로 인내가 필요하다. 인내(忍耐)란 괴로움이나 어려움을 참고 견딘다는 뜻이다. 인내는 어떻게 키워야 한다고 생각하는가? 협력놀이에서는 친구가 궁금한 지식을 따라가다 보면 그 지식을 스스로 찾게 되고, 찾은 방법을 친구들과 의견을 나누며 같은 목표를 향하면서 자연스럽게 인내를 만들어낼 수 있다. 아이들이 지도자를 의존하도록 이끌어간다면 진정한 인내는 배울 수 없다. 아이들은 같은 목표라면 생각을 나누면서 내면이 단단한 아이를 믿고 따라가게 되고 감사를 느낀다. 다른 사람의 의견을 무시하는 게 아니라 '내가 하는 일'에 오롯이 집중한다. 문제를 간결하게 해결할 수 있는 능력을 아이들의 협력놀이 사례로 살펴보겠다.

자존심이 강한 아이는 '남 탓'을 하고 감사한 일에는 '원망'을 한다. 자존감이 높은 아이는 '내 탓'을 하고 원망할 일에도 항상 긍정적이다. 열정을 다해 협력놀이를 하고 원활한 소통으로 부족한 부분을 채워간다. 어려운 도구로 도전을 해도 목표를 정해 끝까지 해낸다. 내면이 단단한 아이는 왜 협력놀이를 잘하는지, 어려운 문제도 포기하지 않고 해결하려는 아이들의 자세는 어디서 오는지 살펴보겠다. 중요함을 강조하고 싶다. 인내를 가져야 탐험도 하고 목표를 향해 갈 때 원동력이 된다.

1학년 아이들이 지네발 놀이를 할 때 땀을 뻘뻘 흘리며 함께했던 모습이 아직도 선하다. 인내하지 않았다면 성취감을 느끼지 못한다. 스스로 인내하고 성취했을 때 기쁨은 배가 되기 때문이다. 친구랑 함께하는 건 참 어려운 일이다. 하지만 아이들은 친구와 함께하는 것이 혼자 노는 일보다 즐겁다는 것을 인내하며 알아갔다.

끊임없는 질문과 토론, 하브루타로 아이들은 서로에게 배운다

저자는 '하브루타 부모교육연구소' 기자로 활동 중이다. 가정과 함께 아이들이 보는 세상이 더욱 행복하길 바라는 김금선 소장의 취지에 따라 행복한 소식을 전하는 기자로 성장하고 있다. 우리 아이들뿐만 아니라 많은 아이가 끊임없이 질문하고 토론하는 하브루타로 성장하길 바란다. 40분이라는 짧은 시간에 많은 것을 담아내려고 욕심부려 수업을 진행했다. 아이들과 함께 수업하며 아이들에게 배울 점을 찾는다. 수업시간은 내가 이끌어가는 것이 아니라 아이들이 이끌어간다고 생각하며 수업을 진행했다. 어떻게 보면 어수선한 분위기로 보일 수도 있다.

하지만 아이들은 새로운 제안을 해서 적용해보기도 하고, 말싸움도 해보며, 화도 내보고, 서로의 감정을 조율하는 방법을 배워간다. 1학기 수업은 단어 키워드로 진행했었고, 2학기 때는 주제를 질문으로 만들어서 이야기를 나눴다. 40분이라는 제한 시간 속에서 내면이 단단한 아이는 유연한 관계로 문제를 해결해나갔다. 하브루타는 서로의 생각을 질문으로 만들어 이야기한다. 서로 이해할 수 있는 대화의 방식이었다.

저자는 아이들에게 "정답이 없고, 틀린 답이 없습니다. 용기를 내어 손을 들고 이야기하면 됩니다"라고 말했다. 운동장에서 연을 날리는 아이들에게는 "연은 언제 생겨났을까?", "연은 왜 생겨났을까?", "연은 어떻게 하면 높이 날릴 수 있을까?" 질문해서 아이들이 생각을 이야기할 수 있게 도움을 줬다.

사소한 규칙을 잘 지킨다

학교에서는 지식을 배운다. 집에서는 아이의 인격이 형성되고, 자아개념·도덕성·지성·인성 발달의 틀이 잡힌다. 질서, 태도, 지혜를 배우면서 생각이 행동이 되게 하는 큰 요인으로 작용한다. 누구나 자신의 능력을 뛰어넘어보고 싶은 승부욕이 있다. 그러나 규율과 규칙이 엄하다 보면 그것을 지키려다 어려운 상황에서도 문제해결 능력을 발휘할 수 없게 된다. 자기 조절이 되지 않는 아이도 때론 이런 규율과 규칙 선을 조금 넘어 시도해보려고 한다. 지극히 정상이다.

지도자가 정한 규칙이 아니라 최대한 아이들이 규칙에 대해 이야기를 나누고 규칙을 정할 수 있어야 한다. 아이들에게 "어떤 규칙이 있을까?" 물으면 대부분 술술 발표를 잘한다. 규칙을 아이들이 정할 수 없다면 유도 질문으로 문제를 해결할 수 있도록 도와줘야 한다. 대부분 내면이 단단한 아이들은 규칙을 정하는 데 어렵지 않았다. 어려운 문제에 부딪히면 위험도 감수해야 한다. 문제해결 능력을 발휘할 수 있도록 규율과 규칙의 경계선을 아이들에게 맡겨야 한다. 내면이 단단한 아이는 상태를 알고 해결에 초점을 맞추며 기회를 만든다. 문제를 정의 내리고, 친구들과 상의해 원하는 목표를 주도적으로 설정한다.

지식과 지혜가 있다

지식은 사물과 세상에 대한 정보다. 지혜는 현명하고 슬기로운 판단력이다. 지식만 풍부하면 아는 것은 많지만 정형화된 방식으로 문제를 풀어나간다. 매번 아는 척하며 아이 스스로 주도하고 혼자 결정을 내린다. 지식과 지혜가 있는 아이는 좀 더 슬기로운 방법으로 친구들과 해결해나간다. 어떻게 해결할 것인지 친구들과 함께 의논하며 포기하지 않고 문제를 해결한다.

우리나라 교육이 지식향상에 집중된 건 사실이다. 하지만 점점 학교 분위기가 많이 달라지고 있다. 학교에서 부족한 학습은 사회와 가정에서 아웃풋으로 지혜를 더 넓혀가고 있다. 사회 분위기는 아이들에게 지식을 더 요구하고 가르치지만, 가정에서 삶의 지혜를 좀 더 넓혀간다면 문제를 해결하는 능력을 발휘하게 될 것이다. 지혜는 내가 직접 경험해보고 느껴야 얻을 수 있는 귀한 깨달음이다. 지혜로운 아이들은 대부분 쉬운 문제를 스스로 해결해 성취감이라는 단맛을 보고, 이러한 경험이 쌓여 성취감에 대한 내성이 생긴 아이들이라고 표현하고 싶다. 깨달음으로 얻은 지혜는 아이들에게 가장 귀중한 자산이 된다.

협업능력은 협동의 결과물을
최고의 성과로 만든다

Q. 내면이 강하고, 협업능력이 있는 아이는 어떤 강점을 갖고 있을까?

A. 자기의 생각을 막힘없이 전달해 대화할 때 원활한 의사소통이 가능하다.

6학년 아이들과 첫 번째 수업시간 때의 일이다. 블랙홀이라는 도구를 사용해 칭찬과 격려를 주제로 수업했다. 팀 경쟁력을 높이기 위해 경쟁을 빼고 진행했는데, 오히려 6학년 아이들이 1~2학년 아이들보다 협력이 되지 않아 저자는 적잖은 충격을 받았다. 처음부터 "해보자"라고 말하는 아이가 별로 없었다. 시간이 지나면서 낙오자도 생겨났다.

나는 6학년 아이들의 능력을 보고 싶었다. 팀 구호를 만들어보기도 하고 그날그날 새로운 미션으로 협업능력을 키워주기 위해 아이들과 생각을 이야기하고 대화를 나누고자 했다. 하지만 할 수 있다는 가능성이 아닌 "이걸 어떻게 해?"라는 볼멘소리가 나왔다. 옆에 있던 친구도 힘이 빠진 말에 전염돼 적극적으로 해보지 않고 "할 수 없어", "이게 되냐?" 등 의욕 없는 말을 했다. 팀의 경쟁력이 무너지는 것을 보면서 너무 안타까운 마음이 들었다.

내면이 단단한 아이는 새로운 배움을 즐거운 마음으로 받아들인다. 협동의 결과물로 성과를 내기 위한 명확한 목표와 '할 수 있다'는 긍정적인 마음가짐을 가진 아이들은 내면이 단단하다. 내면이 단단하려면 긍정적인 마음으로 상황을 온전히 받아들일 수 있어야 한다. 격려와 칭찬은 협동의 결과물을 빠르게 최고의 성과를 낼 수 있게 하는 힘이 있어서 단기간에 문제해결 능력을 높일 수 있다. 협업능력은 협동의 결과물을 최고의 성과로 만든다. 협업이 되기 위해 우선 관계가 좋아져야 한다. 관계 형성 발달 과정부터 살펴보겠다.

인간관계 시작

아이는 태어나면서 가족이라는 구성원을 만나 사회적 상황이 시작된다. 본격적으로 대인 관계가 시작되면 부모의 보호에서 벗어나

점차 어른이 돼간다. 자라면서 주위 상황이나 상대의 반응 경험으로 성격 형성이 이뤄지고, 삶의 규칙, 문제해결 능력, 사회성, 인간관계를 알아간다. 사람은 새로 만나는 사람에 대해 언어뿐 아니라 표정, 행동, 옷차림 등에서 많은 정보를 입수하며, 그 정보를 자신이 가지고 있던 경험과 이미지에 비춰 처리한다. 좋은 인간관계를 맺었던 아이는 그 경험으로 살아가면서 좋은 인간관계를 맺으며 살아갈 것이다.

인간관계 탐색

저자는 살면서 비슷한 생각을 하며, 보면 편한 사람들을 만나왔다. 그래서 한번 만나면 헤어지지 않고 유지되는 줄 알았다. 하지만 세월이 흐르면서 관계가 얽히고설켰고, 내가 의도한 건 아니지만 오해받고 상처받는 일이 생기면서, 내면이 단단해졌다. 인간은 태어나면서 헤어짐을 생각하고 인간관계를 맺어야 한다는 사실 또한 깨달았다. 가는 사람은 쿨하게 보내줄 수도 있게 됐고, 끝을 생각하고 만나니 조심스럽고 온 마음을 다해 가면을 쓰지 않고 상대를 대할 수 있게 됐다. 한때는 관심사가 같지 않아도 친구들의 자리를 메우기 위해서 새로운 친구들을 만나려고도 했었다. 이젠 그렇게 애쓰며 살지 않기로 했다. 현재 알고 지내는 사람들에게 최선을 다하는 것만으로 충분하다. 그래서 나는 그 누구와의 만남도 소중하게 생각한다.

협력놀이에서 아이들도 관계에 많은 마찰이 일어난다. 불안정 애착이 있는 아이는 말과 행동으로 상대에게 상처를 주기도 한다. 우리는 어떻게 인간관계를 맺어야 하는지 방법을 알려줘야 한다. 거친 말을 했을 때 상대의 기분이 어떤지 탐색할 수 있어야 한다. 인간관계는 상호작용이 되고, 상대방의 잠재력과 관계의 지속 가능성을 탐구하는 과정이기도 하다. 협력놀이만큼 탐색이 빨리 이뤄지는 건 없다.

친밀한 관계

소통이 막힘없이 원활하게 잘 이뤄진 단계다. 협력놀이를 하면 막힘없이 새로운 정보를 금방 받아들이고 쿵짝쿵짝 잘 맞는다고 생각한다. 상대를 긍정적으로 판단하고 상대도 자기를 인정해주면 자아충족감이 생긴다. 협력놀이로 이 단계를 만들어가기 위해서는 자신의 감정을 솔직하게 드러내야 공감하는 인간관계를 만들 수 있다.

마음이 말로 표현이 되고 말이 행동이 된다. 그러므로 불안정한 마음인 화가 난 감정이나 기분 좋지 않은 감정을 먼저 다스려야 관계를 뛰어넘어 협동을 이룰 수 있다.

멀어지는 관계

코로나19 팬데믹으로 우리 사회는 미처 준비도 못한 채 사회적 혼란을 겪었다. 4차 산업혁명으로 인해 미래가 원하는 아이의 역량은 협력, 의사소통, 콘텐츠, 비판적 사고, 창의적 혁신 그리고 자신감이다. 아이가 태어나면서 가족 구성원이 이뤄지고, 가정에서 첫 안정적 애착으로 유대감을 단단하게 이루고 난 뒤 비로소 협력이 이뤄진다. 가정마다 다른 방법으로 규칙을 적용하고, 다른 생각, 다른 사고, 다양한 성격이 이뤄진다. 함께 추억을 쌓아가며 다양한 상황과 맞닥뜨리며 자기 자신을 알아간다.

'소통하는 데 트집을 잡고 꽈배기처럼 비비 꼬였다. 작은 표정이나 몸짓으로 서로 즐겁게 공유했던 일들이 불쾌한 감정들로 뒤섞여 있다. 이젠 자기 눈에 장점보다 단점이 많이 보이게 된다. 친구와의 관계를 마음으로 숨기거나 표현을 하는 데 많은 마찰이 있었다.' 이런 관계도 서로의 장단점을 알고 서로를 이해하고자 했다면 멀어지는 관계는 없을 것이다. 협력놀이에서 협동의 결과물을 최고의 성과로 만들기 위해 내면이 단단한 아이는 멀어지는 관계를 어떻게 해결했을까?

문제가 발생해도 친구의 불편한 마음도 수용할 줄 알고 문제를 해결할 수 있다

한 남자아이가 협력놀이에 무조건 장난으로 참여해 주변의 친구들을 힘들게 했다. 이 아이는 상호작용하는 법을 배운 적이 없어 함께 어울리는 방법을 몰랐다. 저자는 안타까운 마음에 설명을 해줬다. 하지만 이 아이를 함께 끌고 가는 건 내면이 단단한 아이였다. 장난으로 참여하는 아이의 행동을 분명하고 기분 나쁘지 않게 이야기하는 아이가 있는 반면, 똑같은 조에 똑같은 상황에서도 나를 불편하게 하는 친구라고 생각하는 아이도 있었다.

실패한 만큼 성공했을 때 큰 성취감을 얻는다고 했다. 협력놀이에서 아이들은 될 것 같은데 안 되니 오기가 생기는지 눈빛이 달라졌다. 블랙홀은 구멍이 5개가 뚫려 있는 넓은 천에 공을 굴려서 구멍에 빠지지 않고 돌아와 다시 구멍에 골인해야 하는 협력놀이다. 안 된다고 생각했던 아이도 옆에서 "할 수 있어", "이거 조금만 하면 될 거 같아"와 같은 동기부여로 한번 성취감을 맛보면 환호성이 절로 나온다. 모두 함께한 결과에 만족한 것이다. 아이들은 이 방법 저 방법을 동원해서 포기하지 않고 끝까지 최선을 다했다.

블랙홀은 칭찬과 격려를 많이 해야 협동이 잘되는 놀이다. 사실 블랙홀은 어른들도 하다가 화를 낼 수 있는 놀이이기도 하다. 될 것 같은데 공이 떨어져 남 탓을 하게 된다. 여기서 분위기를 이끄는 건 내면이 단단한 아이들이다. 성공하려면 잘하지 못해도 한 명도 빠짐없이 최선을 다해야 분위기를 타고 통과할 수 있다. 자기 자리에서 최선을 다하는 것만으로 성공확률이 높은 것을 알 수 있다.

데굴데굴 굴러가는 공과 마주했을 때 두려운 마음이 들면 나도 모르게 반사 신경이 나간다. 내 의지와 상관없이 나오는 행동이라 자신에게 한심하다고 생각이 들 때도 있다. 내면이 단단한 친구는 긍정적인 자세와 긍정적인 말로 행동을 이끌어 서로 격려와 칭찬을 해줬다. 아이들에게 포지션을 정해주기도 하고 명확한 목표를 담고 함께 나아가려고 노력한다. 칭찬과 격려로 긍정적인 마음이 모여 서로 협력하니 아이들 모두 긍정적인 마음으로 참여했다. 협업능력으로 협동의 결과물을 최고의 성과로 만들려면 나를 먼저 알아가야 한다.

긍정적이고 비판적인 사고능력이 있다

　2016 다보스 포럼(Davos forum)의 '미래직업보고서'에서는 미래사회에 필요한 인재가 갖춰야 할 핵심 역량을 말한다. 첫째는 '복잡한 문제를 푸는 능력', 둘째는 '비판적 사고, 창의력, 사람관리 능력, 다른 사람과 함께 일하는 능력'의 협업능력을 제시하고 있다.

　친구가 의견을 제시할 때 비판적 사고를 갖지 않고 무조건 정보를 받아들이는 것은 위험한 일이다. 정보 홍수 시대에 우린 필터로 잘 걸러 정보를 받아들이는 연습을 해야 한다. 비판적 사고력은 자신의 감정을 먼저 앞세우거나 다른 친구의 말을 비난하는 부정적 사고력이 아니다. 문제를 정확하게 이해하고 분석이 돼야 한다. 정보를 받아들이고 더 좋은 해결점을 찾기 위함이다. 수학공식처럼 수동적으로 배워지는 것이 아니다. 다양한 지식이 모이고 지식이 지혜를 만들어가는 과정에서 필터로 걸러내는 과정이다.

부모의 절대적 권력을 내세운다면 아이는 비판적 사고가 아니라 반항심으로 맞대응한다. 부모의 감정이 앞서서 아이를 강압으로 억누른다면 아이는 무력해진다. 아이의 비판적 사고를 키우려면, 부모부터 잘못했을 때 인정하는 모습을 보여야 한다. 이러한 태도는 아이가 비판적 문제를 어떻게 해결해가는지에 대한 자세로 배울 수 있다. 우리는 아이가 어른의 말을 순종적으로 받아들여야 한다는 고정관념을 버려야 한다. 비판적 사고란, 어떤 문제에 부딪혔을 때 자신의 감정이나 선입견에 사로잡히지 않고 합리적이며 논리적으로 결론을 끌어내는 사고 과정이다.

협력놀이에서 이기적이고 불성실한 자세로 참여한 친구들이 있었다. 이 친구들은 자신과 친구들의 생각이 조금만 달라도 대화가 거칠어지고 언성이 높아진다. 아이들은 소통의 부재 또는 말과 행동에 코드가 맞지 않아서 문제가 발생하기도 했다. 내면이 단단한 아이는 자기 목소리를 낼 때 그럴싸한 이유가 있었다. 협력놀이로 세상과 잘 어울리는 아이는 친구가 말하는 의도를 정확하게 파악하고, 타당한지를 비판적 사고로 바라본다. 그리고 자신의 의견을 제시한다. 어떤 문제에 의문이 생기면 먼저 생각하고 친구들에게 자기의 생각을 논리적으로 이야기한다.

4학년 수업시간에 배려를 주제로 훌라후프 협력놀이를 진행했다. 아이들의 협동을 더 도모하기 위해 경쟁을 빼고 초를 단축하는 방법으로 팀 경쟁을 세웠다. 먼저 세 그룹으로 나누고 팀 구호를 만들었다. 팀 구호를 만드는 자유 회의시간에는 어색한 적막이 흘렀지만, 짧은 시간에 아이들의 성격을 볼 수 있었다. "우린 할 수 있다", "화이팅!", "할 수 있다!", "너의 의견을 존중해" 등 다양한 팀 구호가 나올 수 있었다.

첫 번째 팀은 소통이 원활하게 이뤄졌다. 서로가 어색하지 않고 의견을 잘 맞춰가며 놀이에 참여했다. 같은 그룹에서 문제가 생기면 의견을 나누고 "괜찮은 방법이야! 한번 해보자!"라고 서로 격려하며, 리더의 말에 아이들이 잘 따랐다.

두 번째 팀은 서로 의견을 받아들이지 않고 각자 자신의 이야기가 맞다고 주장하며 협력하지 않고 혼자서 해결하려고 노력했다. 친구들은 다른 방법을 제시하지 못하고 강요에 반응하지 않은 채 마지못해 의욕이 없는 자세로 협력놀이에 참여했다. 주변의 친구들은 즐겁지 않았지만 불편한 감정을 표현하지 못하고 좋지 않은 감정으로 참여했다.

세 번째는 행동형 아이로 생각보다 행동이 앞서 걱정했던 친구가 있었다. 그래도 친구가 다치지 않게 배려해주는 모습에 감동을 받기도 했다. 다치지 않게 천천히 배려하려는 자세를 가진 친구도 있었지만, 대부분 "빨리빨리"를 외치며 친구들끼리 언성이 높아지기도 했다. 긍정적·비판적 사고능력이 있는 친구는 차분하게 친구가 하는 말의 의도를 정확하게 파악하고, 반론으로 자신의 의견을 내세운다.

"빨리하면 다칠 수 있어."

"오늘은 배려야! 배려!"

성격이 급한 친구는 "빨리빨리"라는 말을 많이 하지만, 긍정적·비판적 사고를 가진 아이들은 빨리할 방법을 이야기하고 제시한다.

"애들아, 자세를 낮추고 훌라후프가 내려오면 점프하는 거야."

"아니야"라는 아이들도 있지만, 긍정적·비판적 사고를 가진 아이들은 친구들의 의견을 수용해주고 "그것도 괜찮은 방법인 거 같아. 그런데 훌라후프를 잡는 사람이 친구가 빨리 빠져나갈 수 있게 훌라후프를 밑에까지 내려서 훌라후프를 앞으로 당기고, 빠져나가는 친구는 두 발을 점프해서 나가는 거야"라며 친구의 의견을 들어주며 자신의 의견을 분명하게 이야기한다.

아이들의 비판적 사고를 키우기 위해 아이가 아무 생각을 하고, 없이 무조건 다수의 의견과 행동을 따라가게 해서는 안 된다. 비판적 사고력을 가진 아이는 생각보다 행동이 앞선다. 그래서 선택에 집중할 수 있도록 다른 사람의 시선을 신경 쓰지 않도록 주의를 시켜야 한다. 아이들은 남들과 다른 것을 두려워한다. 남의 시선을 신경 쓰는 것이 아니라 자신을 위해 선택하는 힘을 키워야 한다.

내면이 단단한 아이는 협력놀이를 왜 잘할까? 열린 생각을 하고, 비판적 사고방식으로 창의적이고 친구들과 원만하게 지낸다.

내가 가진 생각과 친구의 생각을 접목해 새로움을 창조하고 도전한다. 친구들의 관점으로 바라보고 이야기한 정보를 받아들여 판단한다. 친구들 입장에서 바라보려고 노력한다. 그러니 친구들과 원만한 관계로 지낼 수 있다. 감정, 편견, 또는 권위에 사로잡히지 않고 객관적으로 분석한 후에 결론을 내릴 수 있는 아이다.

우리는 하루에도 수백 가지의 선택으로 결정하며 살아간다. 하루에 결정해야 할 매 순간 머릿속에서 비판적 사고가 이뤄진다면 힘이 들 것이다. 협력놀이를 하면서 아무 때나 비판적 사고를 사용하는 게 아니라 때에 따라 적절하게 사용해야 한다. 매 순간 비판적 사고를 하게 된다면 같이 있는 팀의 친구들도 때로는 피곤함을 느낄 것이다.

우리는 선택과 결정을 하며 하루 만에 에너지를 다 써버리는 경우가 있다. 아이들에게 하루 스케줄을 어떻게 보낼 것인지 아침에 이야기를 나눠보길 바란다.

저자는 협력놀이 시간에 아이들의 선택과 결정을 빠르게 할 수 있게 도와줬다. 선택할 수 있는 상황이 길어지면 '내일'로 미루는 경우가 있다. 의견을 들어보고, 나중에 해보는 것이 아니라 아이들의 생각을 직접 말로 하고, 바로 행동으로 해보라고 응원을 보낸다. 말해놓고 '이게 될까?' 긴가민가 고민하면서 시간은 야속하게 흘러간다. 생각할 수 있는 시간에 결정했으면 시간을 효율적으로 쓸 수 있다. 저자는 세 자녀를 키우며 비판적 사고 능력을 키우기 위해 스스로 결정해보게 하고 옳은 판단이 아니더라도 서로 의견을 나누며 아이의 판단에 맡기는 편이다.

친구들과 적절하게 문제를 해결하고 관계를 유지할 수 있어야 한다. 협력놀이를 하면서 친구들과 얼마큼 열심히 했느냐가 아니라 결과보다 과정을 중심으로 친구들과 얼마큼 관계가 원활했는지, 그리고 적절히 문제를 해결했는지에 초점을 맞춰야 한다. 그래서 결과 중심에서 과정 중심으로 나아가야 한다.

협력놀이를 하다 보면 여러 어려움이 있다. 도구 사용법을 알고 자신의 경험을 통해 친구들과 긍정적으로 비판적 사고를 해야 한다. 협력놀이의 깊이를 알아가면서 사고가 확장이 되는 것이다. 협력놀이를 통해 긍정적·비판적인 사고로 관계가 원활하게 돼 주어진 미션에 몰입을 할 수 있게 된다. 즉 이 몰입은 긍정적인 결과를 가져올 수 있게 돕는다.

내면이 단단한 아이는 자기 생각을 분명한 메시지로 친구들에게 구체적으로 전달한다. 애매하다면 '그건 어렵다' 인정하고 분명하게 이야기할 수 있다. 아이가 자신의 의견을 이야기를 하지 못한다면 답답할 것이다. 아이가 비판적 사고를 갖기 위해서는 양육자가 아이의 이야기를 강압적으로 끌고 가지 않는지, 아이가 이야기하는 도중에 끊어버리지는 않는지, 아이의 이야기를 귀 기울이며 아이의 입장에서 충분히 들어주는 자세가 필요하다.

창의적이고
협업능력이 있다

21세기의 핵심 역량인 비판적 사고력(Critical Thinking), 창의력(Creativity), 의사소통(Communication), 협업능력(Collaboration)을 통합적으로 키워야 한다. 저자는 하브루타 부모교육 연구소 김금선 소장이 운영하는 '행복한 세상 소식(행세소)'의 기자이기도 하다. 하브루타 교육법을 좋아해 세 자녀를 키우면서 적용하기 위해 노력하고 있다. 우리나라 하브루타는 유대인의 교육법을 우리나라 교육 문화로 재해석해 교육하고 있다. 유대인들은 한 아이를 키우기 위해 온 가족과 많은 유대인들이 노력하고 있다. 유대인 자녀교육법의 핵심은 부모와 자녀 사이에 이어지는 독특하고 창의적인 대화법이다. 유아기 때부터 부모와 함께 경전을 읽고 암기하는 데 주력한다. 기도서를 읽고 암기하면서 유대인 공부법을 익힌다. 우리나라 교육과 다른 점이 있다면 암기 후 치열하게 부모와 논쟁하며 메타인지를 확장시켜주는 반면, 우리나라 교육에서 지식은 확인 후 휘발성으로 사라지게 된다. 지식의 재생산이 이뤄지지 않는 매우 안타까운 현실이다.

창의적 사고를 갖기 위해서는 독창성, 유창성, 융통성이 있어야 한다. 창의는 새로운 것을 생각해내는 것이다. 협력놀이에서 친구들이 창의적인 사고와 창의적인 성격을 갖고 있어야 새로운 생각으로 다양한 방법을 시도하고 도전하는 모습을 볼 수 있었다. 창의적 사고를 위해 필요한 것은 다음과 같다.

첫째로는 독창성이다. 독창성은 새롭고 남다른 것을 생각해내거나 만들어내는 재주가 있다. 독창성 있는 아이는 생각과 능력을 다른 사람과 다르게 하는 아이로 협력놀이에서는 돋보였다. 요즘 아이들은 나와 친구의 생각이 통하면 좋아한다. 21세기 핵심 역량을 키우기 위해서는 남들과 똑같이 생각해서는 경쟁력이 없다. 남과 다른 생각을 하는 아이로 키워야 한다.

두 번째로는 유창성이다. 유창성은 여러 가지 관점이나 해결안을 빠르게 많이 떠올리는 능력이다. 하나의 단어 키워드로 순간순간 아이디어를 낸다. 협력놀이를 하다 보면 기발한 생각으로 새롭게 도전하고 시도한다.

세 번째로는 융통성이다. 융통성은 일을 때와 형편에 따라 알맞게 해나가는 성질이다. 다양한 생각과 말과 행동으로 문제해결을 유연하게 처리할 수 있다.

창의적 성향의 탐구형 아이들은 한 가지를 잘하는 것이 아니라 호기심으로 다양한 것을 잘할 수 있는 아이다. 새로운 일에 흥미가 많고, 위험을 즐기며, 모험심이 강하다. 세계적인 위인들을 보면 위험을 감수해 성공으로 이끄는 위인들이 많다. 내면이 단단한 아이들을 보면 몰입해 끝까지 해낸다. 그리고 인내하며 포기를 모르고 도전정신이 강하다. 끝까지 해내는 일이 많고 다양한 것들을 잘 해내는 아이다.

협력놀이를 하다 보면 꼭 튀는 아이들이 있다. 무궁무진한 발전이 숨어 있는 아이라고 생각한다. 친구들과 다른 의견을 제시할 때 아이들 하나하나 의견을 들어보고, 아이들 의견대로 시도를 해보게 했다. 실수와 실패를 하더라도 아이들이 성공에 근접한 방법을 찾을 수 있게 도왔다. 아이들이 새로운 생각과 새로운 방법을 시도하는 모습을 격려해줬다. "괜찮은 방법이다", "어쩜 그런 생각을 했어?" 아이들의 다양한 생각과 말을 인정해주고, 아이들이 제시했던 방법대로 시행할 수 있게 북돋워줘야 한다.

창의적이고 협업능력이 좋은 아이는 왜 협력놀이를 잘할까? 어떤 친구는 친구를 사귀는 것을 좋아하지만, 반대로 혼자 있는 것을 즐기는 친구가 있다. 또 어떤 친구는 강한 사람에게 의지하기를 좋아하지만, 어떤 친구는 리더를 원한다.

모든 사람은 태어날 때 똑같은 가치를 가지고 태어난다. 우리는 아이들이 모두 똑똑하게 태어나길 바랄 것이다. 하지만 똑똑하게 태어난다기보다는 똑똑하게 키워지는 것이다. 똑똑하게 키우는 것보다 아이의 재능을 잘 찾아 가르치면 누구나 행복한 인생을 누릴 수 있다고 믿는다. 잘하는 재능을 찾을 때 아이는 긍정적인 태도로 명확한 목표를 계획하며, 자기의 미래를 설계할 수 있는 아이로 성장시켜야 한다.

긍정적 태도

부정적인 아이들은 이미 정해놓은 결과를 예측한다고 했다.
"해봤자 안돼!", "이미 졌는걸!"
부정적인 말로 다른 친구의 힘을 빼놓는다. 창의적이고 협업능력이 좋은 아이는 긍정적인 태도로 호기심을 갖고 궁금한 문제를 풀기 위해 따라간다. 그리고 긍정적인 말과 행동으로 진취적인 자세를 보여준다. "할 수 있어!"라는 말과 행동으로 협력놀이를 하며 긍정적으로 문제를 풀어간다.

시야를 넓게 보는 태도

실패와 실수로 배움을 찾을 수 있는 아이다. 내면이 단단한 아이는 작은 실패와 실수에 무너지는 것이 아니라 다시 도전해보고 배움으로 연결을 한다. 그다음은 다른 방법으로 시도하고 실패와 실수가 연속으로 일어나지만 멀리 보고 미리 계획을 세우고 앞을 내다볼 수 있는 아이다. 당장의 실수와 실패는 과정이라고 생각하고 끊임없이 시도한다.

즉흥적인 태도

즉흥적인 태도로 서슴없이 엉뚱한 이야기를 하며, 두려움 없이 자기 생각을 말하는 아이다. 그럴 때 아이가 엉뚱한 말도 많이 하지만 의외로 좋은 아이디어로 빠르게 문제를 해결할 방법도 많이 찾는다. 단, 문제는 다른 친구들이 긍정적으로 수용해줬을 때 가능한 일이다. 긍정적인 피드백을 해줘야 기발한 생각이 더 기발한 생각을 만들어갈 수 있다.

즉흥적인 태도가 친구들을 피곤하게 만들 때도 있다. 다른 친구들은 대부분 똑같은 생각으로 시도한다. 창의적인 아이는 남들과 다른 상상으로 생각하는 크기가 다르다. 자기 생각과 맞지 않으면

싸움이 일어나기도 한다. 즉흥적인 아이의 의견을 인정해주지 않아서 분위기를 계속 흐리는 아이라고 낙인이 찍힐 수 있다. 주변 친구들이 의견을 무시하고 인정해주지 않아 힘들어하는 아이들이 있었다.

협력놀이에서 즉흥적인 태도를 가진 아이들에게 생각이 틀린 것이 아니라 다름을 인정하는 말을 많이 사용해야 한다. 친구의 생각을 모방해보고 다시 자신의 것으로 표현해보는 연습으로 함께 성장하는 데 큰 도움을 준다.

"네, 생각이 틀렸어!"가 아닌 "좋은 생각이야!" → "한번 해볼까?"

"엉뚱한 생각이야!"가 아닌 "괜찮은 생각이야!" → "한번 해볼까?"

"그게 어떻게 돼!"가 아닌 "한 번 해보자! 될 거 같아!"

재치 있고 재미있는 태도

협력놀이는 어떤 문제가 생겼을 때 블랙홀에 빠져드는 것처럼 심각한 분위기로 끌고 갈 수도 있다. 이런 상황에서 내면이 단단한 아이는 아이들한테 재치 있게 즐거움을 전달해준다. 아이디어가 생기면 신나서 통통 튀는 목소리로 밝은 에너지를 친구들에게 전한다. 건성으로 참여했던 아이들도 재미를 찾고, 아이들도 즐거운 마음으로 참여할 수 있도록 협업을 끌어올린다.

열정적인 태도

주어진 과제에 관심이 많고, 호기심이 흥미를 가져오며, 흥미가 있으니 열정적인 태도가 나온다. 무엇이든 주어진 일을 최선을 다하기도 하고, 자신의 아이디어가 있으면 적극적으로 참여하다 보니 다른 친구들도 분위기에 휩쓸려 열정을 다해 참여할 수 있게 만든다. 새로운 과제, 해보지 않았던 일에 흥미를 느끼며, 진취적인 자세와 긍정적인 모습으로 뿌리내린다.

궁금함이 많은 태도

협력놀이에서 즉흥적으로 "이건 어떻게 갖고 놀 수 있을까?" 질문하면, 창의적인 아이는 자신의 의견을 제시하며 바로 실행에 옮기기도 했었다. 궁금하지 않으면 저자가 이끌어가며 수업했겠지만, 아이들의 생각이 더해지면 놀이가 더 풍부해진다. 즉흥적으로 물어봐도 도구를 탐색하고, 이렇게 저렇게 다양한 방법으로 놀 수 있는 아이다. 궁금한 아이들은 다른 방법으로 놀이를 제한하기도 한다. 도구를 탐색하고 머리가 들어갈 수 있는 넉넉한 공간에 머리도 넣어보고, 친구들도 태워보고, 자기 생각을 실험한다. 아이들은 함께하는 방법을 제시하며 협업을 이뤘다.

우리나라 창의력 지수는 최하위권이다. 주입식 교육이 만들어 낸 결과다. 하지만 현재 학교 분위기가 많이 바뀌고 있다. 현장에서 많은 선생님들이 다양한 방법으로 새로움을 시도하고 노력을 기울이고 있다. 가정에서도 함께 이뤄져 아이들이 협력놀이를 통해 관계를 배워나가 인공지능에 밀리지 않는 삶을 살길 바란다. 긍정적인 태도로, 넓게 보고, 즉흥적 태도에 재치 있고, 열정적이고, 호기심이 많은 태도로 살아갈 수 있는 세상을. 세 박자를 가정, 학교, 사회가 함께 만들어가야 아이들의 장점을 살려 모난 돌이 아니라 혁신가로 리드할 수 있는 아이로 성장시킬 수 있다. 가정의 역할이 커졌지만 아이는 아이답게 커야 행복하다. 아이들은 아이들 세상에서 삶을 배워야 한다.

수업시간 내내 끊임없이 질문했던 아인슈타인과 앞장서서 학교 정책에 반대했던 넬슨 만델라 등 여러 혁신가가 있었다. 이런 세상을 바꾼 혁신가들은 보는 관점들이 달라 구제불능이고 제멋대로인 '문제아'로 낙인이 찍혔다. 이젠 '문제아'가 아니라 '혁신가'로 키워야 할 때다.

새로운 아이디어를 가진 사람은 그 아이디어가 성공하기 전까지는 괴짜다.

- 마크 트웨인(Mark Twain)

등 돌린 친구도
내 편으로 만든다

'내가 먼저 웃어야 거울도 따라 웃는다'라는 말이 있다. 내가 웃어야 상대도 따라 웃는다. 내가 먼저 마음을 열어야 상대방도 마음을 연다.

저자는 예전에 김영식 박사님의 웃음요가를 잠깐 배웠던 적이 있다. 행복해서 웃는 게 아니라 웃어서 행복하다. 웃음은 우리에게 엔돌핀이 돌게 하는 세포가 있다. 신진대사가 원활해 스트레스를 줄일 수 있다. 웃음이 많고 유머가 있는 사람은 상대를 기분 좋게 만든다. 등 돌린 친구도 내 편으로 만드는 아이는 웃음이 많다.

진심을 다해 사과할 줄 안다, 상대의 감정에 집중한다

사과에도 테크닉이 필요하다. 우리는 아이들에게 상황도 모른 채 빨리 마무리하기 위해 "사과해"라는 말을 강요하기도 한다. 아이는 마음이 내키지는 않지만, 양육자의 눈치를 보며 상황을 빨리 모면하기 위해 "미안해"라는 말을 마지못해 한다.

양육자는 사과하는 자세가 마음에 들지 않아서 다시 한번 강요의 말을 한다. "뭐가 미안한데?"라는 말에 아이는 "사과했잖아"라는 말로 자기를 보호한다. 사실 화가 난 아이는 반드시 이유가 있다. 이런 사과는 100번을 해도 깨달음을 얻지 못한다. 억울한 상황이 누적돼 사춘기가 돼서 "엄마가 나한테 해준 게 뭐가 있어?"라는 말에 부모들은 충격을 받기도 한다.

우리는 내면이 단단한 아이가 진심으로 사과하는 방법을 아이들에게 적용할 필요가 있다. 사과는 자기의 잘못을 인정하고 진심으로 용서를 비는 과정이다. 사람들이 제일 많이 하는 실수 중 하나가 위와 같이 마지못해 미안하다고 하는 것이다. 하지만 억지로 미안하다고 하면, 상대는 진심을 느낄 수 없고, 관계가 원만히 이뤄지기 어렵다. 또한, 사과하려는 마음이 제대로 전달되지 않는다. 따라서 진심으로 "미안해" 하고 사과를 다시 해봐도 상대의 기분이 풀리지 않는 것이다.

사과를 받아들이지 않아 미울 때도 있을 것이다. 상대가 잘못해서 사과하는 상황이어도 "미안해"라는 말보다 중요한 건 아이의 입장에서 충분히 귀 기울여 들어주고 공감해주는 말과 행동이다. 이후 상대 이야기를 들어보면 자신이 잘못했는지, 잘못하지 않았는지 진정성의 결과는 중요하지 않다.

진심을 다해 "미안해"라는 사과를 해도 받는 친구는 진심이 느껴지지 않는다. 원하는 건 사과가 아니라 공감이기 때문이다. 우리는 사과를 하면서도 큰 실수를 범하고 있는 것이다. 사과는 친구의 감정을 공감해주고, 내 감정이 전달돼 서로가 편안한 사이로 돌아갈 때 진정한 사과라고 할 수 있다.

협력놀이에서 아이들은 다양한 의견으로 많은 감정의 벽에 부딪힌다. 자신을 미워해서 싫은 소리를 한다고 받아들이는 경우도 있다. 친구가 먼저 잘못했어도 내 어떤 말이나 행동으로 싸움이 일어날 수도 있다. 싸우지 않아도 문제를 해결할 방법은 많다. 하지만 아이들은 그 관계를 대화로 해결하는 방법을 모를 때도 있고, 감정이 앞서 표현이 서툰 부분이 있다. 그 순간을 모면하기 위해 사과를 하는 모습을 보면 안타깝다. 현재는 마지못해 사과하려고 하지만 사과가 쌓이고 쌓이면 친구의 편견을 만들어낸다.

협력놀이를 하면서 아이들끼리 티격태격하며 사이가 빨간불이 켜져서 이렇게 해결해줬다.

B 친구는 행동형 아이였다. B 친구가 너무 열정을 다해 참여해서 A 친구가 봤을 때는 오히려 장난하는 것처럼 보였다. B 친구는

자신이 가진 감정을 이야기하길 힘들어했다. 다시 친구의 입에서 친구에게 말을 직접 연습하게 했다.

A 친구 : 야, 장난하지 말고 똑바로 해! 왜 장난하냐고!
B 친구 : 나 장난 안 했어!
A 친구 : 지금 장난하고 있잖아!
B 친구 : 나 장난 안 했다니까!

이 말이 싸움으로 시작해 감정싸움으로까지 번져 협력놀이를 몰입해 즐길 수 없었다. 잠시 멈추고 무엇 때문에 화가 났는지 이야기를 들어줬다. 그리고 이유는 이러했다.

나 : A 친구는 B 친구가 장난하는 것 같아서 화가 난 거구나.
나 : B 친구는 열심히 했는데 A 친구가 장난한다고 이야기해서 화가 났구나.

나는 A 친구 말도 맞고, B 친구 말도 맞다고 해줬다. 서로 입장이 달랐고, A 친구는 힘이 센 친구와 함께하는 게 힘이 들었고, B 친구는 열심히 하는데 마음을 알아주지 않아 억울했다. 중립적인 입장에서 이야기해줬다.

나 : B 친구는 마음은 잘하고 싶은데 몸이 생각처럼 잘 따라주지
　　않아서 그런 거 같은데, 맞니?

B 친구 : 네, 맞아요.

나 : (A 친구에게는) B 친구가 당겼을 때 기분이 어땠어?

A 친구: 너무 힘들었어요.

나 : 선생님이 봐도 많이 힘들었을 거 같아.

A 친구 : 네, 힘들었어요.

이제야 서로의 마음을 확인하고 오해는 풀렸다.

나 : (A 친구에게는) 너의 힘든 감정을 친구에게 이야기해줘야 상대
　　가 알 수 있어.

나 : B 친구는 잘하려고 했던 행동이 힘이 너무 세서 힘 조절이
　　잘되지 않았던 거 같아. 그럼 어떻게 해야 할까?

A 친구 : 사과해야 할 거 같아요.

나 : 왜 그렇게 생각해?

A : 제가 일부러 하지는 않았지만 B 친구가 불편했겠어요(스스로
　상대를 불편하게 했다고 느끼고 진실된 사과를 할 수 있었다.).

　A 친구와 B 친구는 어떻게 문제를 해결해야 할지 몰랐다. 사과
할 땐 친구들의 행동을 인정하는 말이 꼭 들어가야 한다.

A 친구 : 나는 네가 힘을 세게 줘서(사실) 내가 힘들어서(나의 감정) 그런 말을 했어. 네가 열심히 하는데 장난이라고 해서 미안해(사과).

B 친구 : 나는 네가 열심히 하는데 안 한다고 해서(사실) 화가 났었어(나의 감정). 나는 네가 힘든지 몰랐어. 노력할게. 나도 미안해(사과).

이 아이들은 친구에게 상처를 주려고 일부러 했던 일이 아니었지만, 등 돌렸던 아이들은 다시 재회할 수 있었다. 처음엔 상황을 도와줬지만 이 계기로 순간순간 스스로 현재의 불편한 감정을 이야기하며 사과하고 상대의 감정을 인정해주는 계기가 됐다. B 친구가 마지막 날 피드백을 "처음에는 친구들과 많이 싸웠는데, 협력놀이를 하면서 친구들과 사이가 좋아지고 싸우지 않게 됐어요"라고 말했을 때 너무 흐뭇했다.

사과가 거창한 건 아니지만, 누구나 실수하는 부분에 사과를 어떻게 하는지 방법을 모르면 참 어렵다. 자존심이 센 아이는 절대로 사과를 하고 싶어 하지 않았다. 저자는 자존심이 센 아이들에게 용기를 줬다.

"사과는 엄청난 용기가 필요한 거야!"

"용기 있는 사람만이 친구와 친하게 지낼 수 있어."

이 말에 아이는 용기를 내어 이야기할 수 있었다. 목소리가 작아도 괜찮다. 옆에서 듣고 도와주면 됐으니, 용기를 내어 말해준 것만으로도 박수로 칭찬과 격려를 해줬다.

"처음으로 이렇게 용기 내어 말을 했는데 너무 대단한 용기야."

"너무 잘했어."

이 친구는 점점 자존심을 내세우는 것이 아니라 자신감이 생기고 친구가 실수했을 때 격려할 수 있는 친구로 성장하고 있었다. 몇 분 전까지만 해도 같은 팀에서 소통이 되지 않았지만, 이런 방법으로 해결해주니 등 돌린 친구는 다시 언제 그랬냐는 듯 해맑게 서로 소통하며 참여하는 모습을 보니 너무 뿌듯했던 기억이 난다.

내면이 단단한 아이는 수동으로 도와주지 않아도 자동으로 바로바로 관계를 이끌어갔다. 내면이 단단한 아이는 다음과 같이 행동한다.

• 친구의 마음을 잘 알아주고, 경청을 잘한다. 기분이 좋지 않았던 친구의 이야기를 잘 들어주는 것만으로 화가 났던 친구의 마음은 눈 녹듯 녹아내렸다. 속으로 화가 났어도 누군가 내 이야기를 잘 들어주는 것만으로 감정이 서서히 풀리기도 했다.

• 자신이 기분 좋은 것처럼 친구도 기분 좋은 상태를 만들어주

려고 노력한다. '내가 지금 너 때문에 기분이 좋지 않은데, 너만 기분이 좋냐?' 했던 친구는 자신을 웃기기 위해 상대 친구가 노력하고 있음을 느끼기도 하고, 자연스럽게 유머가 있는 내면이 단단한 친구의 모습에 자신도 모르게 피식 웃고 기분이 풀린다. 기회를 엿보았다가 아까는 미안했다고 진심을 다해 친구의 감정을 인정해주고, 자신의 감정을 다시 이야기했다.

• 친구가 잘하는 부분과 못하는 부분을 인정해주고 격려해줬다. 등을 돌려도 내면이 단단한 아이는 먼저 친구에게 손을 내민다. 협력놀이를 하며 현재는 관계가 좋은 편은 아니지만, 친구가 자신의 잘하는 모습을 인정해주니 '나를 미워하는 마음이 아니구나' 안심하고 현재를 즐기는 아이가 있었다.

내면이 단단한 아이는 화가 난 친구의 잘하는 부분, 노력하는 부분도 격려해주며 인정해주었다. 그리고 오해했거나 자신이 잘못 알고 있었던 부분을 내 감정과 친구의 감정을 읽고 말로 표현해 원만한 관계를 유지할 수 있었다. 오해가 생기든 화가 나든, 내면이 단단한 아이는 자존심이 앞서지 않아서 자신의 잘못을 인정하고 사과도 쿨하게 했다.

등 돌린 친구를 내 편으로 만들려면 먼저 친구의 실수에도 웃으며 격려해줘야 한다. 웃는 얼굴은 보는 사람을 기분 좋게 만든다.

상대가 실수했을 때 격려해주는 친구가 있다면 위축됐던 마음도 아이스크림 녹듯 녹아내릴 것이다.

서로 생각이 다름을
인정한다

세 아이를 키우면서 엄마로서 단 한 번도 소중하지 않았던 시간은 없었다. 아는 만큼 아이들에게 해줄 수 있었고, 아는 만큼 헤쳐 나갈 수 있었다. 저자는 여러분들과 똑같은 평범한 엄마다. 화가 나면 화를 냈었고, 감정표현에 서투른 엄마였다. 내가 상처받았던 감정이 그대로 대물림되고 있었고, 아이들에게 상처 주는 일은 이젠 끝내고 싶었다.

우리 시댁가족들은 내 느긋한 성격에 다름을 인정해주시고, 항상 내 관점에 서서 어떤 일을 하든 기다려 주신다. 느긋한 성격에 속이 많이 상했던 날도 있지 않았을까 생각해본다. 그래서 더없이 감사하고 더없이 죄송한 마음이 크다. 다름을 인정해주는 모습을 보며 나도 누구를 바라볼 때 불평불만이 아니라 생각이 다름을 인정하는 데 수월해짐을 느꼈다.

아직 나는 권위적인 엄마에서 벗어나기 위해 노력하고 있다. 하지만 저자가 잘하는 건 아이들의 마음을 공감해주고 잘 헤아려 준다는 것이다. 한편 병 주고 약을 주는 엄마이기도 했다. 아직도 육아에 정답이 없이 후회와 반성으로 아이들과 소통하며 지내고 있다. 아이들을 이해하고 소통할 수 있는 첫 번째 키워드, 서로의 다름을 인정하니 육아에 한결 마음이 편안함을 느꼈다.

내가 뭔가 힘들다고 생각되면 잠시 쉬었다가 관점을 바꿔 생각해보길 바란다. 사람과의 관계에서 강요와 설득은 서로의 관계를 멀어지게 만든다. 다름을 인정하는 것에서 출발해야 원활한 소통이 이뤄진다.

2015년에 개봉했던 영화 〈베테랑〉에서 유아인의 명대사가 있다. "문제 삼지 않으면 문제가 안 되는데, 문제를 삼으면 문제가 된다."

이 대사를 떠올리며 읽어 내려가길 바란다. 저자는 협력놀이를 통해 보는 관점을 달리해 아이들의 관점에서 문제를 해결하려고 했다. 내면이 단단한 아이가 생각의 다름을 인정하는 모습을 보면서 오히려 어린 친구들에게 새롭게 배우기도 했다.

협력놀이에서 서로의 생각이 다름을 인정하는 아이는 싸울 일이 없었다. 같은 팀에서 똑같은 문제가 발생했는데 서로 문제를 해결하고자 하는 방법은 달랐다. 대부분 이 경우 자기주장을 펼치고 자기 판단이 옳다고 우기며 주도권을 쥐려는 경우가 크다. 내면이 단단한 아이는 문제가 발생했는데 문제를 문제로 바라보지 않아 오히려 문제 상황이 일어나지 않았다. 친구의 의견을 있는 그대로 존중하고 인정해줬다. 상대 친구의 의견을 받아들여 다른 친구의 의견을 직접 해보는 아이들이 있었던 반면, 친구의 의견을 들어보고 자신이 제시한 방법을 먼저 시도해보고 친구의 의견을 실행한 아이들도 있었다. 친구들의 의견을 인정해주는 부분은 똑같았지만, 달랐던 건 내가 제시한 방법을 먼저 하느냐, 늦게 하느냐의 차이였다.

'블랙홀'이라는 도구를 갖고 의견 모으기 사례를 들었다. A의 방법, B의 방법, C(내면이 단단한 아이)의 방법을 제시했다.

A : (높이를 맞춰서 시작하는 거야!) 나는 A 방법을 생각했어.

B : (양손을 넓게 잡는 방법으로 해보자!) 나는 B 방법을 생각해보았어.

C : (접어서 구멍 갯수를 줄이는 방법을 생각해봤어.) 너는 그렇게 생각했구나. 나는 C 방법을 생각해봤는데.

C : 그럼, 우리 차례대로 한 번씩 해보자. 그리고 괜찮은 방법으로 연습해보자!

• A 친구의 방법으로 했을 때 피드백 : A는 키가 크고 B는 키가 작아서 높이가 맞지 않아 B가 손을 더 올려야 해서 힘들 거 같아.

- B 친구의 방법으로 했던 피드백 : B의 방법은 좋은데 넓게 잡
  으니까 손이 아파.
- C 친구의 방법으로 했던 피드백 : 접어서 하니까 양손으로 잡
  기가 힘이 들었어.

협력놀이에서 다른 친구의 생각이 다름을 인정하기란 자신의 내
면이 단단하지 않으면 불편한 일이다. 내면이 단단한 아이는 소신
껏 말과 행동을 실행하는 아이다. 그리고 실수와 실패보다 성공의
경험을 많이 해본 아이로, 주변으로부터 어떤 말과 행동에 인정을
받고 자란 마음의 여유가 있는 아이였다. 사실 아이들은 싸울 일이
아니지만 싸우기도 하고, 아무것도 아니지만 목숨 걸고 지키려고
한다.

문제는 아이가 의견을 내었을 때 서로 생각이 다르고 상대에게
무시를 당했다는 생각이 들어 몹시 괴로워할 때다. 사람들은 나와
생각이 다르면 나와 맞지 않는다고 생각을 한다. 사실 다른 사람들
이 나와 다른 생각을 하고 사는 건 당연한 일이다. 하지만 사람들은
다른 사람의 생각을 맞추며 살아야 한다고 생각한다. 다른 친구들
과 나의 생각이 다르다는 것을 인정하는 아이로 성장시켜야 한다.

새 학기가 되면 새로운 환경에 적응하기란 어른도 쉽지 않은 것
처럼 아이들도 마찬가지다. 아이들은 학교에서 서로가 아는 사이라
면, 학교적응이 빨라진다. 대부분의 문제는 학습에서 오는 것이 아

니라 관계에서 문제점이 시작된다.

아이들이 "학교 가기 싫어"라고 하면 꼭 그렇다는 건 아니지만, '친구들 관계에 문제가 생겼구나' 판단하고 깊은 대화가 필요하다는 신호임을 꼭 알았으면 한다.

우린 잘하는 것도 인정해야 하고, 아직 서툴고 익숙하지 않은 일도 인정을 해줘야 한다. 친구들이 잘하고, 자신의 부족한 부분을 인정하는 순간 위축이 됐던 마음을 세울 수 있고, 스스로에 대한 만족 또한 높아진다. 내면이 단단한 아이로, 자신감이 생기고 자존감을 높일 수 있다. 애써 잘하는 척, 잘 아는 척하지 않아도 된다.

내가 잘하는 일인 강점에 집중하고 친구들에게 칭찬을 해줄 만한 일이 있으면 바로바로 해보라고 아이들에게 이야기한 적이 있었다. 다른 친구의 생각을 다름을 인정하는 건 칭찬에도 숨어 있다.

행동형이고, 산만한 아이가 있었다. 이 아이들을 보면서 막내아들을 보는 듯했다. 어떻게 하면 친구들 관계를 융합시킬까 고민을 많이 했다. 책임감으로 함께할 수 있게 도왔다.

"넌 정말 산만하고 생각 없이 행동하는 아이구나."

만약 저자가 이런 말을 했다면 이 이야기를 들었던 친구들도 생각 없이 행동하는 아이라고 생각한다. 친구들 사이에서 낙인이 찍히는 순간 이 아이는 생각 없이 행동하고, 산만한 아이로 계속 성장해나갈 것이다.

어느 날 나는 행동형 아이를 처음으로 시범을 보이게 하고 맨 앞에 세워 모범을 보이게 했다.

"요즘 우리 A가 집중력이 좋아져서 차분해졌어요. 시범을 보일 건데 잘 보세요" 했더니 A 아이는 차분해진 모습으로 시범도 보이고 집중력을 발휘해서 협력놀이에 아이들과 문제없이 참여할 수 있었다. 그리고 다른 친구들도 관점을 바꿔서 이 아이를 바라보기 시작했다. 물론 하루아침에 좋아지지는 않았다. 이 아이가 잘하는 일에 대해 강점을 살리고, 강점을 바라보는 프레임을 바꿔서 좋은 방향으로 흘러갈 수 있도록 긍정적 관점으로 바꿔줘야 한다.

내면이 단단하지 못하면 쉬운 일은 아니다. 새 학기에 아이들의 의견 차이가 컸었고, 아이들은 지켜야 할 공공질서에 새로운 규칙, 환경에 적응하느라 긴장 상태를 유지한다. 이때 필요한 건 밖에서 같은 반 친구들과 유대감을 형성시킬 수 있도록 부모가 함께 돕는 일이다. 자유롭게 놀고 서로를 알아가며 학교생활에 빠르게 적응할 수 있도록 자리를 마련해줄 필요가 있다. 나는 청소년 아이들이 건전한 문화생활이 없어 안타깝다. 밖에 나와 즐길 거리를 찾아봤자 코인노래방이나 카페, 놀이터다. 어른들은 놀이터에서 노는 아이들을 보면, "학원은 안 다니니?", "학생이 공부해야지!" 한다. 유아를 데리고 온 어른들은 청소년을 바라보는 시선이 곱지 않다.

지금 아이들은 신체활동 놀이는 뒷전이고 스마트폰 게임을 하고, PC, 핸드폰과 한 몸이 돼버렸다. 이러한 아이들에게 친구들과 유대감을 형성할 수 있도록 생산성 있는 새로운 문화생활을 만들어

쥐야 한다. 공부도 중요하지만 땀을 흠뻑 적시며 관계를 알아가는 것은 최고의 관계교육 그리고 살아 숨 쉬는 개념교육이다.

다 그런 건 아니지만 어른들은 놀이를 그냥 노는 것으로 치부한다. 하지만 저자는 청소년 시기를 잘 극복할 수 있도록, 3년 후 청소년에게 숨 쉬고 살맛 나는 공간인 청소년 소통 센터 놀이 공간을 만들 것이다. 현재는 코로나로 만남이 쉽지는 않지만 유아, 초등 부모 대상으로 공부의 흐름이 끊기지 않도록 함께 어떻게 놀게 해 줘야 하는지에 대해 주변 사람들과 의견을 나누고 소통하며 지내고 있다.

승부욕 말고
관계에 집중한다

누구나 마음속에 이기고 싶은 욕구를 갖고 있다. 이를 어떻게 처리하느냐에 따라서 관계가 좋아지거나 멀어지는 경우를 봤다. 모든 육아는 가정에서부터 시작된다. 일상생활에서 부대끼며, 경험을 쌓는 것은 중요하다. 승부욕을 잘 다루기 위해 가정에서 타인과의 경쟁보다 자신과 목표를 세우고 자신과의 경쟁을 설정해 성장하는 과정으로 나아가야 한다.

승부는 나를 성장하는 과정 중 중요한 동기부여라고 본다. 결과에 승복하지 못하고 분노를 표출하는 경우 사회성에 문제가 생기는 것도 협력놀이를 통해 드러난다. 이 아이들은 또래 친구들이 왜 자신과 놀지 않는지, 왜 불편해하는지 알지 못한다. 승부욕은 아이들이 성장하는 과정에 독이 될 수도 있다. 태어났을 때부터 아이들은 승부욕이 있었을까? 기질이 타고난 아이들이 있다. 하지만 이런 아이들의 승부욕이 열등감이 되지 않도록 주의해서 살펴볼 필요가 있다.

승부욕이 많은 아이는 자존감이 낮아 승부에서 자신의 가치를 높이고 확인하려고 한다. 패배는 자신의 가치를 낮춘다고 생각해 상대 아이들을 원망하는 감정으로 바뀌기도 한다. 이것은 열등감으로 나올 수 있다.

이런 아이들은 건강하게 승부에 임하는 방법을 배우고, 진정한 승부를 모방하고 답습하며 배워가야 한다. 긍정적인 승부의 경험을 많이 쌓은 아이일수록 승패를 수월하게 받아들일 수 있었다. 나는 이 과정에 성공할 수 있는 경험을 상대성 경쟁이 아니라 절대 평가로 결과보다 과정을 중요하게 생각했다. 아이들이 관계에 집중할 수 있도록 상대의 실수에 대해 격려와 응원으로 함께 성공의 경험을 할 수 있도록, 승부욕이 아닌 관계에 집중할 수 있게 도왔다.

협력놀이를 하면서 고학년일수록 승부에 집착하고 고착돼 있었다. 이겼다고 패배한 친구들의 마음을 둘러보지 못하고 이겼다는 것에 만족해서 친구들의 눈살을 찌푸리게 하는 경우도 있었다. 경쟁을 빼고 수업하니 아이들이 시시해서 2학기 수업이 폐강되는 아쉬움도 있었다. 이 수업은 1, 2학년 아이들이 더 혜택을 받게 됐고 1, 2학년 아이들은 덕분에 타인과의 경쟁이 아니라 내 감정에 집중하며 관계에 집중할 수 있게 됐다. 5, 6학년 수업의 피드백이

자 아이들이 요구하는 본질을 담당 선생님한테 뒤늦게 들었다. 해주고 싶었던 것이 많았기 때문에 실패의 경험이지만, 다시 연구해 나가고 있다. 협력놀이 수업은 어릴 때 패배 경험을 더 많이 해보고, 경쟁이 아닌 관계에 집중할 수 있는 협력놀이로 거듭나고 있다.

이긴 아이는 "아싸, 이겼다", "네가 졌지!"라는 말로 패배한 친구들에게 불편함을 준다. 또한, 승부에 졌다고 불편한 감정을 표정과 말, 행동으로 드러내거나 받아들이지 못하고 상대의 말과 행동에서 약점과 단점을 찾아내 꼬투리를 잡는 경우도 봤다. 결과를 승복하지 못하고 분노를 표출한 아이들도 있었다.

이런 아이들은 친구들이 멀리하면서 왕따를 당하는 일도 있다. 친구들이 자신을 싫어하는 이유를 모르고 지내고, 이유를 찾지 못한다. 그래서 그냥 자신을 싫어한다고 생각한다. 이유를 모르니 친구들에 대한 분노가 생기기도 하고, 스스로 죄책감을 느끼거나 이유가 없는 우울감에 빠진다. 삶을 살아가면서 무조건 이기며 살 수 없기에 승부욕을 잘 다루며 살아갈 수 있도록 승패를 받아들이는 법을 알려줘야 한다.

승부욕은 낮은 자존감과 연결이 돼 있다. 이런 아이들에게 나는 승부욕을 수업 1차, 2차, 3차 팀별로 도전해보고 초를 단축하는 방식으로 진행했었다. 그런데 초 단축인 절대 평가인데도 끝내 순위를 집착하는 아이들이 있었다. '누가 잘하나' 경쟁이 아니라 과정에 집중하기 연습을 했다.

"누가 빨리하나?"

"누가 빨리 다녀오나?"

협력놀이로 타인과의 경쟁을 부추긴다면 승부에 집착하게 된다. 1등에 집착하고, 무조건 이기지 않으면 실망을 하게 된다. 반칙하고, 장난으로 상황을 얼버무리며 넘어가려고 한다. 그리고 처음부터 내가 못 해낼 것 같은 일에는 고의로 불성실한 자세로 참여하거나 참여하지 않는 경우도 있었다. 승부욕이 강한 아이와 함께 팀을 이루다 보면, 상대 친구는 실수했을 때 위축이 되고 하고 싶지 않은 놀이가 돼버린다. 저자는 "사람은 누구나 잘하는 일과 아직 익숙한 일이 다르다"라고 이야기하지만 이기고 싶은 건 사람의 본능이다.

먼저 아이가 패배를 어떻게 인정하고 받아들이는지, 승부욕이 강한 아이는 부모와 함께하는 놀이에서 지는 연습이 필요하다. 그렇다고 무조건 지라는 것도 아니다. 부모의 모습에서 아이들은 모방하면서 승부가 갈리는 게임에서 승패의 자세를 배워가야 한다.

'이겼을 때 기뻐하는 마음 표현, 상대방을 배려하는 마음, 패했을 때 아쉬웠지만 조금만 더 노력해보면 이길 수 있겠다'라는 다짐하는 법을 알아가는 과정이다.

졌을 때의 표현은 좌절된 마음, 속상한 마음이 들어 자기감정이 제어되지 않는다면 스스로 감정을 받아들일 수 있도록 시간을 줘야 한다. 화가 난 감정상태 그대로 이야기를 한다면 아무것도 들리지 않고, 화난 감정이 더 복받쳐 올라온다. 그래서 말할 수 있는 시간도 감정이 가라앉았을 때 이야기를 해야 귀에 들려온다.

"아까는 지는 줄 알았어", "비록 졌지만 노력하는 모습을 보니 너무 멋지더라", "저번보다 실력이 늘어서 깜짝 놀랐어", "조금만 더 노력하면 이제 엄마도 이기겠는걸" 하며 같이 노력했던 과정에 대해 격려해주고, 미래에 대해 희망을 이야기해줘야 한다. 승부욕을 불러오지 않도록 놀리는 언행은 삼가야 한다.

패한 사람이 좌절하는 것을 봤을 때 함께 과정을 이야기하며 상대의 잘했던 점을 피드백해주는 것이 좋다. 발전 가능성 있는 일은 희망을 심어주므로 승부에 집착하기보다는 친구와 대화를 나눔으로써 관계가 나아지면 아이는 승부욕보다 관계를 택할 것이다.

자존감 높은 아이는 승부욕보다 관계에 집중해 나아간다. '다음에 꼭 이기고 말 거야'라는 다짐으로 다음을 기약하거나 '다음에 오늘보다 더 잘할 수 있겠다'라는 각오로 임한다. 그리고 이기기 위해 노력이라는 것을 해야 한다는 것도 알아간다. 일반 체육시설에서 승부욕을 배울 수 있지만 감정을 다 섬세하게 다루지는 못한다. 부모의 자세에서 아이는 빠르게 배워간다. 부모와 아이가 유대감이 원만하다면 승부로 결판을 짓는 것이 아니라 관계로 인간관계를 배우기가 조금 더 수월하다.

이렇게 패배와 좌절을 연습하고 자존감이 높은 아이로 성장해 간다. 아이들과 좋은 시간을 보내려고 놀이를 했다가 울음으로 마무리돼 놀이를 안 하고 싶은 때가 많다는 부모들이 있었다. 나도 가정에서 부모로서 어려움을 경험해봤다. 아이가 패배를 인정하는 아이라면, 관계에 집중하며 참된 놀이를 즐길 수 있는 아이로 성장할 수 있다. 만약 아이가 패배를 힘들어하고 받아들이지 못한다면 많은 사람과의 놀이가 아니라 일대일 놀이를 권하고 싶다. 졌을 때를 가정해서 패배의 기분, 말, 행동을 역할놀이로 연습을 해보면 좋겠다.

다둥이 가족이라면, 특히 첫째는 동생들과 경쟁은 잘하면 본전이고 못하면 손해라고 생각하는 것이 밑바탕에 깔려 있다. 서열순위로 우월하다는 것을 알기 때문에 동생들에게 지는 일은 있을 수 없는 일이라고 생각한다.

첫째에겐 "사람마다 잘하는 게 다르다"라고 동생들보다 잘하는 것을 꼽아서 강점에 집중하고 관점을 바꿔줬다. 동생들 앞에서 언니가 동생들에게 잘하는 일에 대해 칭찬을 했다. 그리고 동생들과 이기기 위한 놀이가 아니라 함께 관계를 배워가고 즐거움을 찾아다니는 놀이라고 인식이 돼야 한다. 첫째 아이는 "달리기, 그림, 독서, 글의 내용을 요약하길 좋아하고, 잘한다", 둘째 아이는 "암산이 빨라 계산능력이 좋고, 사회성이 좋다", 셋째 아이는 "칭찬과 격려로 잘하는 일을 찾아가고 있다. 강점은 분위기 메이커여서 흥이 많고 춤을 잘 춘다" 등 이렇게 아이들 앞에서 강점을 이야기해야 한다.

• 인위적인 승부욕 말고 관계를 연습한다.

"내가 이번에 져 볼 거야."

"내가 이번에 이겨 볼 거야."

가상으로 승패 상황을 만들어 감정표현을 연습해보자!

• 패한 아이가 승리한 친구에게 감정표현을 말하는 연습

"아, 이번에 내가 졌네", "아쉽다!", "하지만, 괜찮아!", "다음번에 연습해서 내가 이길 수 있어."

• 승리한 아이가 패한 친구에게 감정표현을 말하는 연습

"져서 속상하구나", "아까는 너 정말 잘하더라", "아까는 순간 내가 못 따라갔었어."

잘했던 부분을 피드백해주며 관계에 집중할 수 있게 친구와 노는 놀이 자체의 즐거움을 배워야 한다.

PART 2

협력놀이 잘하는 아이가
자존감이 높다

자기 실수를 빠르게 인정하고, 문제해결 능력이 빠르다

인생은 창조적으로 문제를 해결하는 일련의 연습과정이다.

- 마이클 겔브(Michael J. Gelb)

인간의 뇌는 좌절이라는 고통을 이겨내기 위해 쾌락 시스템을 작동시키기도 한다. 누구나 실수했을 때 부정적인 감정에 빠지는 건 당연하지만, 자존감이 높아 협력놀이를 잘하는 아이는 실수했을 때 부정적인 감정에서 빨리 빠져나온다. 자존감은 어린 시절의 양육자와 애착 경험에 의해 크게 영향을 받는 것으로 알려져 있다. 양육자의 성격, 심리적 상태, 스트레스, 당시의 환경적 상황 등에 의해 영향을 받을 뿐만 아니라 자녀의 선천적인 기질에 의해 달라질수도 있다.

협력놀이를 힘들어하고 자존감 낮은 아이는 미리 결과를 부정적으로 예측한다. 결과를 미리 예측하지만 부정적으로 예측해서 처음부터 무조건 안 된다는 생각으로 최악의 조건에서 놀이를 시작한다. 자신의 실수에 인정이 아닌 핑계를 댄다. "이건 누가 잘못 잡아서 못한다", "이건 줄이 너무 길다" 등 온갖 핑계를 대어 자기 잘못을 회피하기도 한다. 결과는 다람쥐 쳇바퀴 돌 듯 실패를 돌고 돌아간다.

무기력한 아이는 협력놀이 참여에 의욕이 없어서 자기 자신이 필요한 존재인지도 모르고, 함께하는 즐거움을 모르기 때문에 문제 해결에 관심이 없다. 자신의 존재가 없어도 된다고 생각한다. 열심히 하는 친구까지도 의욕을 저하시키기도 한다. 협력놀이는 한 명이라도 무기력한 아이가 있으면 균형이 맞지 않아 협동하기가 어렵다. 그래도 함께하다 보면 아이들의 격려와 칭찬의 말에 자신이 팀에 필요한 존재라는 것을 알아갔다.

"거기 꽉 잡아줄래?", "고마워", "실수해도 괜찮아" 같이 격려의 말로 자신의 가치를 생각하고, 자존감이 높은 긍정적인 아이와 함께 참여하다 보니 부정적인 아이도 긍정적으로 바뀌는 것을 볼 수 있어서 다행이었다. 아이들은 점점 즐겁게 소통할 수 있게 됐다.

이기적인 아이는 자신이 가진 생각을 바로 실행한다. 협력놀이는 소통하며 의견을 맞추고 힘을 모아야 한다. 하지만 친구들의 의견을 무시하고 본인이 하고 싶은 대로 하다 보니 문제를 해결하고

자 하는 요점에서 벗어나 겉에서 맴돌기도 했다. 소통이 충분히 이뤄져야 하는 놀이였지만, 소통이 이뤄지지 않았다. 자기 뜻대로 좌지우지하고 자기 뜻대로 되지 않으면, 혼자서 화가 나 있기도 했다.

이기적인 아이는 막무가내로 이야기하지만, 상대가 자신의 이야기를 들어주지 않는다고 생각했다. 문제점이 있으면 먼저 이기적인 친구가 이야기해보고, 다른 친구의 의견도 들어서 문제를 해결하는 방법을 적용해야 한다. 이기적인 친구는 친구들의 이야기를 들어주지 않았고, 의견도 적용하지 않았다. 이기적인 아이의 태도에 친구들은 화가 났다.

일단 이기적인 아이의 이야기를 충분히 경청을 해주고 이기적인 아이는 친구들의 이야기에 경청하는 연습으로 친구들과 소통할 수 있게 도왔다. 아이는 이야기를 멈출 수도 있었고, 친구들의 이야기를 들어주며 소통이 원활하게 이뤄졌다. 긍정적인 사고를 하는 아이와 만나면 차분하게 의견을 받아들이고 기분이 상하지 않게 소통했다.

반대로 실수했을 때 자존감이 높으며, 빠르게 문제를 해결하는 아이의 특징을 살펴보겠다.

첫째는 문제의 원인을 관찰해 도전적으로 해결한다. 진취적으로 친구들과 상호작용을 하며, 실수는 빠르게 인정해서 문제 해결을 한다.

둘째는 현재에 집중하고 일단 연습하며 기다린다. 실수와 실패의 원인은 알고 참고하고, 실패는 기회로 삼는다. 실수를 두려워하지 않고, 실수를 거듭해도 목표를 향해 익숙해질 때까지 연습했다.

셋째는 선택과 결정에 빠르다. 추진력이 빠른 사람의 특징이다. 우린 선택과 결정을 신중하게 해야 하는 사회에 살고 있다. 두려워하지 않고 실수를 하더라도 후회 없이 "괜찮아"라는 동기부여로 친구들도 즐겁게 참여할 수 있었다. 또한, 선택 이후 실패하더라도 다음 단계로 넘어가서 다른 방법으로 도전한다.

모든 아이들은 기질은 다르게 태어나지만 똑같은 뇌에서 출발한다. 태어날 때부터 모든 뇌는 똑같이 아무런 통제 능력이 없는 상태에서 시작해 성장한다. 아직은 스위치가 켜지지 않았을 뿐이다. 새로운 경험들을 통해 두뇌는 자극을 받고, 정보를 제공해주는 만큼 성장한다. 기억력 또한 초기에는 아주 제한돼 있지만, 아이의 기억 회로에 불이 들어오고 경험이 풍부해짐에 따라 보다 많은 것을 기억할 수 있게 된다.

자신의 실수와 실패를 온전히 받아들이기 위해서는 양육자의 자세가 중요하다. 양육자는 아이가 앞으로 활기차게 행동할 수 있도록 긍정적 피드백을 줘야 한다. 그래야 아이가 상대를 맞춰주고, 실수했을 때 빠르게 인정하고, 빠르게 상황을 파악할 수 있다. 문제를 배움으로 받아들이며 성장한다. 실수와 실패를 해도 스스로 온전히 받아들이는 아이는 책임감이 강하고 실수를 빠르게 인정한다. 양육자가 어떻게 대처하느냐에 따라 갈림길로 나뉜다.

　실수나 실패를 했을 때 모욕적인 말을 들었던 아이와 성취한 경험이 많은 아이는 실수와 실패의 경험 때문에 문제 해결 능력도 상반되는 것을 알 수 있었다. 직접 오감을 느끼며 즐거운 직접체험으로 실수와 실패의 경험을 했을 때 해결하는 마음가짐부터가 달랐다.

　문제해결 능력을 가진 친구는 주어진 상황에서 발생하는 문제를 가장 효율적이고 효과적으로 해결할 수 있는 통찰력과 종합적 분석 능력을 갖춘 인재다. 협력놀이를 하다 보면 많은 문제에 직면한다. 친구들과 어울리지 못해서 걱정이고, 좌절감, 우울, 두려움과 같은 부정적인 감정에서 벗어나고 싶지만 대부분 방법을 모른다. 자존감이 높은 아이들은 실수했을 때 빠르게 인정을 하기도 하고, 친구들과 함께 문제를 해결하기 위해 도전을 멈추지 않는다. 친구들이 모두 같은 마음으로 함께 이뤘을 때 변화가 일어나는 것을 겪어본 아이들이다.

　모든 감정의 표현은 옳다. 《당신이 옳다》는 때로는 옳고 그름, 잘잘못을 떠나서 표현하는 모든 감정은 '당신이 옳다'라고 지지해 주는 책이다. 저자는 이 책에서 많은 영감을 얻고 친구들의 다양한 감정을 받아들일 수 있었다. 실수했을 때 아이들의 반응도 제각각이다. 대부분 자존감 높은 아이는 자기의 실수를 만회하려고 적극적으로 참여한다.

아이와 함께한다면 누구나 노력해야 하는 부분이라고 생각한다. 아이가 실수했을 때 부모의 대처능력에 따라 아이들은 태도를 어떻게 해야 하는지 배워간다. 저자도 삼 남매의 엄마 노릇이 세상에서 제일 힘든 직업이라고 생각한다. 삼 남매를 키우면서 엄마로서 실수와 실패의 연속이었고, 아이들도 실패와 실수 속에서 성장해나간다.

특히 첫째 아이에게 엄마가 처음이다 보니 실수투성이고 부족한 부분이 많았다. 아이들에게 잘 해내는 모습만 보여주고 싶었던 융통성 없는 철부지 엄마였다. 그런 모습을 보고 자란 첫째는 성향이 나와 너무 똑 닮은 원칙주의자인 아이였다. 실수와 실패를 하지 않기 위해 항상 늘 긴장하며 모든 실수 없이 잘 해내고 싶은 욕심꾸러기 아이로 성장하게 됐다. 어릴 적에 "괜찮아"라는 말을 온 마음으로 해주지 못해 미안한 마음이 든다.

지금은 엄마로서 그런 실수를 만회하기 위해 쉬운 수학 문제를 실수로 틀리고 와도 "그럴 수 있어"라는 말을 할 수 있는 우아한 엄마가 됐다. 아이의 실수에 여유 있게 대처하자 첫째 아이는 새로운 도전을 서슴없이 하고 있다. 자기 자신의 실수와 실패에 대해 받아들이고 그 실수와 실패에 대해 자기만의 방법으로 정의를 써 내려가고 있다. 몸으로 직접 깨달으며 조금씩 유머로 대처하기도 하고, 조금씩 스스로 표현하며, 자신의 틀을 깨는 것을 시도하는 아이가 돼가고 있다.

어른들과의 관계는 원만하지만, 아직은 또래 아이들에게는 긴장하며 실수하지 않으려고 조심스러워하는 아이다. 또래 아이와 함께하는 시간이 많아질수록 친구와 서로 격려하며 문제를 해결해나갈 것이라고 믿는다. 저자는 실수했을 때 아이들 앞에서 빠르게 인정하고 수습을 빨리할 수 있도록 몸소 실천하고, 오늘도 우리 아이들을 온 마음을 다해 위로한다. 실수와 실패를 했을 때 성장의 발판이 돼 다른 친구들에게도 따뜻한 발판이 될 수 있는 아이로 성장해가고 있다.

친구의 장점을 찾고, 칭찬한다

인생에서 진짜 비극은 천재적인 재능을 타고나지 못한 것이 아니라, 이미 가지고 있는 강점을 제대로 활용하지 못하는 것이다.

- 벤저민 프랭클린(Benjamin Franklin)

아인슈타인(Einstein)은 학습부진아였다. 물리학자가 됐던 건 어머니의 영향이 컸다. 아인슈타인의 어머니는 아이가 아무리 질문을 많이 해도 화를 내거나 귀찮아하지 않고 정성을 다해 대답해줬다. 모르는 것은 솔직하게 모른다고 이야기하며 함께 궁금한 것을 찾아 다녔다. 아이가 당장 성적이 떨어져도 아이의 잠재력을 믿고 장점을 찾아서 키웠다. 아인슈타인은 어머니의 끊임없는 격려와 칭찬으로 특별한 업적을 남겼다.

저자는 아이들이 정서적으로 밝고, 건강한 아이로 성장해가길 원한다. 그러기 위해 나는 어린이집 재능기부 체육놀이를 시작해서 특수학급 아이들도 만나왔다. 틈만 나면 우리 아이들을 데리고 동네 놀이터에서 다른 아이들과 함께 놀며 내가 해나가야 할 일을 계획하며 순간순간 최선을 다해왔다. 우리 아이들을 포함해 웃는 모습을 보면 나는 세상을 다 얻은 기분이 들었다.

긍정적인 면을 강조한다

친구랑 관계가 좋지 않은 아이도 있다. 아이들과 서로 우정을 나누기보다는 상대를 경쟁상대로 여겨 잠재적 적대관계를 만든다. 협력놀이는 서로가 친해지고 모두 즐겁게 몸과 마음을 움직여 놀기 때문에 승패 자체가 중요하지 않다. 그래서 상대 평가를 빼고 팀워크로 팀 경쟁을 높였다.

"너 때문이야"라는 말은 팀 경쟁에 도움이 되지 않는다. 친구들을 보면 마음이 좋아야 좋은 이야기가 나오고 좋은 행동이 나오는 것이다. 행동이 나오기까지 내 생각과 연결이 돼 있다. 방법은 간단하지만, 마음이 움직이는 일이라 아이들에겐 어려운 일이 될 수있다. 친구가 화나는 행동을 해도 긍정적인 면을 보고, 긍정적으로 행동할 수 있게 분위기를 만들어줘야 한다.

학기를 시작한 지 한 달이 되지 않았을 무렵, 친구들을 관찰하는 데 시간이 충분했다는 생각이 들어 릴레이 장점 찾기를 한 적이 있었다. 하지만 아이들은 친구들의 이름을 잘 몰랐다. 좋은 이야기는 낯간지러워 못하는 아이들도 많았다. "저는 이 친구랑 안 친한데요"라며 딴지를 걸기도 했다. 하지만 친구들 앞에서 칭찬한다는 건 칭찬을 한 친구의 이미지도 좋게 기억이 될 뿐만 아니라 칭찬받은 친구의 긍정적인 행동을 이끈다.

수업 중 행동으로 감정을 표현하는 아이가 있었다. 예전보다 행동이 작아지지 않았지만, 행동이 작아진 것을 순간 포착해 바로 "선생님이 봤을 때 이 친구는 지난주보다 더 차분해졌어. 노력하는 모습이 최고야!"라고 이야기를 해줬다. 이렇게 하면 다른 친구들이 봤을 때 이 친구는 점점 좋아지고 있는 것처럼 보인다. 그리고 그 친구는 행동을 자제하려고 노력하는 모습도 보였다.

잘하는 일에 초점을 맞춘다

내가 잘하는 일을 아는 아이들은 별로 없다. 내가 잘하는 건 남들이 많이 이야기해줘야 비로소 '내가 그림을 잘 그리는구나', '난 노래를 잘 하는구나' 하면서 잘하는 걸 찾아간다. 사소한 거라도 아이가 재능을 찾을 수 있도록 잘하는 것이 무엇인지 관찰해서 아이들에게 이야기해줘야 한다.

나는 아이들에게 다음과 같이 말한다.

"사람마다 잘하는 게 다르니 친구가 나보다 잘한다고 기분 나빠할 필요가 없다."

"내가 잘하는 일을 찾으면 된다."

"아직 찾지 못했을 뿐이야."

"어떻게 하면 찾을 수 있을까?"

친구들이 잘하는 일이 있으면 칭찬해주면 된다. 상대가 잘하는 것을 무작정 쫓아간다면 아이들은 경쟁심이 유발돼 삐뚤어진 마음을 말과 행동으로 표현하게 된다. 내가 잘하는 일에 초점을 맞춘다면 친구들의 잘하는 거 하나하나가 모이면 시너지 효과가 크다. 내가 잘하는 건 내가 좋아하고, 자신 있는 말과 행동으로 긍정적인 에너지로 발산이 된다. 즐거운 마음으로 참여할 수 있게 돕는 것이다.

동기부여는 스스로 할 수 있다

내가 잘해내지 못해도 좋아하거나 잘하는 일에 초점을 맞추다 보면 스스로 칭찬하는 일이 많아진다. 자기 일을 즐기고 있고, 즐거움을 상대에게 전달한다. 이 관계는 친구들에게 어떠한 해를 끼치는 것이 아니라 관계에서 신뢰를 쌓고 긍정적인 관계를 형성해 나가는 또 하나의 연결선이 된다. 긍정적 반응은 긍정적 행동을 유발하고 전환이 된다. 분위기를 전환할 힘이 숨어 있다. 친구들은 실수를 바로잡는 것이 아니라 실수하기 전 칭찬을 통해 서로를 이해할 수 있는 일이 많아졌고, 목표로 나아가기 위해 긍정적 관계로 발전할 수 있었다. 협력놀이를 잘하는 자존감이 높은 아이는 결과의 목표는 있지만, 관계를 중요하게 생각한다.

친구 관계가 최고의 경쟁력을 높인다

'친구의 장점을 찾고 칭찬을 하는데 경쟁력이 높아진다고?' 하시는 분들이 있겠지만 사실이다. 칭찬은 아이들 간의 관계를 돈독하게 해주고 관계가 좋으니 협동도 잘된다. 서로 목표가 같고 서로를 믿는다면 서로 원활한 소통으로 목표를 향해 하나하나 이뤄간다. 다른 팀에서 기술을 모방할 수는 있지만, 신뢰 관계는 모방할 수 없다. 블랙홀이라는 도구를 갖고 블랙홀을 하면서 아이들은 목표를 살피는 것이 아니라 친구를 살피며 칭찬하고 장점을 찾아주며 목표에 더 집중할 수 있었다.

친구가 잘하지 못하는 일을 잘한다고 칭찬을 하면 반감을 살 수도 있다. 칭찬을 하더라도 무성의한 칭찬이라고 느낀다. 상대가 거짓된 마음, 의무적으로 칭찬하는 거 같다는 생각이 들면 칭찬이 오히려 독이 될 수도 있다. 무조건적인 칭찬을 하되 조금 나아진 방향으로 행동했을 때 칭찬이 통하는 것이다. 격려는 실수했거나 무엇이 잘되지 않을 때 해주면 관계에 집중해 조금 더 빠르게 목표를 향해 나아갈 수 있다.

자신이 가진 장점으로 친구들과의 원만한 관계에 도움을 줬을 때 자기효능감이 높아진다. 저자는 협력놀이를 하며 이런 문제에서 관계를 정리할 기회를 만들어 '내 말을 친구들이 들어주네' 이런 성취감을 많이 받게 하고 싶었다. 행복한 아이, 자존감 높이는 아이로 키우기 위해서는 많은 연구가 필요하다. 첫 번째로 아이의 감정을 수용하고 받아들여줘야 한다. 두 번째로 서로의 마음을 공감해 줘야 한다. 세 번째로 장점을 찾고 서로 칭찬하며 따뜻한 관계를 유지해야 한다. 경쟁하면서 마음속으로 두려워하고, 부러워하며 상대 평가가 이뤄지는 것이 아니라, 협력놀이를 하며 장점을 찾고 서로 칭찬하자 아이들의 상호관계가 좋아지고, 자존감이 높아졌다.

칭찬방법을 모르겠다면《칭찬은 고래도 춤추게 한다》의 고래반응을 가져와 우리도 아이들에게 칭찬할 때 참고해 연습해보자.

즉각적으로 칭찬하라

• 사람들이 잘했거나 대체로 잘해낸 일에 대해 명확하게 말하라.

• 사람들이 한 일에 대해 느끼는 긍정적인 감정을 공유하라.

• 계속해서 일을 잘해나가도록 격려하라.

우리는 아이들이 바로 칭찬할 일을 찾아 자신에게 맞는 재능을 찾는 일이 많아지길 바라본다. 평지를 걷는 것은 성장이 아니다. 아이들이 현재보다 한 계단 한 계단 위로 성장할 수 있도록 도와주자.

상대의 말에 진심을 다해 경청한다

인생에서 진짜 비극은 천재적인 재능을 타고나지 못한 것이 아니라, 이미 가지고 있는 강점을 제대로 활용하지 못하는 것이다.

– 벤저민 프랭클린(Benjamin Franklin)

아이들은 친구의 말에 귀를 기울이는 데 연습과 시간이 필요하다. 친구의 말을 들을 준비가 돼 있지가 않아 말싸움이 일어나는 경우가 있다. 협력놀이를 하면서 자존감 높은 아이의 생각을 이야기하는 것이 아니라, 친구의 이야기를 충분히 들어보고 친구의 생각 중간중간에 질문을 던지는 모습을 볼 수 있었다. 친구의 말에 귀 기울어 경청하는 일은 상대의 마음을 얻는 최고의 지혜다. 아이들은 친구를 위해 경청하는 것이 아니라 스스로를 위해 경청해 자신을 발견할 수 있었고, 자존감이 더 단단해짐을 느낄 수 있었다.

협력놀이에서 경청은 모든 친구들이 소통을 이룰 수 있도록 좋은 분위기로 끌어올렸다. 처음에는 다른 친구의 이야기에 귀 기울이지 못하고 자신의 이야기만 늘어놓는 친구들이 많았다. 하지만 상대의 말에 진심으로 경청하는 아이는 친구의 말을 왜곡해서 받아들이지 않는다. 상대방을 있는 그대로 받아들이기 위해서는 내 감정을 먼저 살펴보고, 바라볼 줄 알아야 한다. 내 감정이 제어되지 않을 때는 내 편견과 고집을 잠시 접어 두고 감정이 앞서지 않으려고 노력한다. 경청이 없는 대화는 언제나 실패한다. 친구의 말에 귀 기울이며, 서로 소통하는 긍정적 경청 문화를 만들어야 한다. 그래야 최상의 결과를 얻을 수 있다.

수업시간에 아이들이 서로 자기 의견만 내세우다가 40분 수업에서 10분만 수업한 적이 있었다. 아이들끼리 의견을 조율하는 방법이 서툴다 보니 모두 자신의 내세운 의견들이 옳다고 마찰을 빚었다. 아이들은 이거 해야 한다, 저거 해야 한다는 의견이 부딪치는 경우가 허다하다. 서로 의견을 조율하기 어려워할 때는 순서를 정해 어떤 방법을 먼저 할 것인지 정해줘야 한다. 경청의 기술만 있었더라면 아이들은 좀 더 유익한 시간을 보냈을 것이다. 그렇다면 어떻게 대처해야 할까? 어른들이 직접 나서서 문제를 빠르게 해결해 줄 수는 있지만, 일시적인 해결이라는 것을 알 수 있었다. 하브루타 부모교육연구소에서 하브루타를 배워온 저자는 지식만 주는 배움이 아니라 내 것으로 만드는 지혜를 주기 위해 기다리는 수업을 진행했다. 수업시간에 임무를 다하지 않는 것 아니냐고 할 수도 있겠다. 하지만 나만의 수업 철학은 위험하거나 어느 누가 마음의 상처를 입지 않았다면, 아이들끼리 의견을 나누며, 늦더라도 배움으로 연결을 지으려 노력했다. 독이 됐든, 약이 됐든, 협력놀이를 통해 체험하면서 몸으로 직접 느끼며 깨닫고, '내가 무엇을 해야 하지? 무엇을 했으면 더 많이 할 수 있었지?' 하고 진심으로 질문을 던지는 아이로 성장시키도록 돕고 싶었다. 협력놀이를 통해 친구의 말에 진심으로 경청하는 아이와 경청을 힘들어하는 아이의 행동을 보겠다.

친구의 말에 공감해주는 아이 & 말대꾸로 끼어드는 아이

진심으로 경청하는 아이는, 긍정의 힘으로 친구가 동떨어진 이야기를 하더라도 웃으며 받아줬다. 친구의 말에 공감해주므로 문제 해결을 할 수 있는 방향으로 아이들을 이끌어간다. 경청은 목표가 아니라 하나의 필수적인 수단으로 아이들을 목표를 향해 끌어올린다. 하지만 말대꾸하는 아이는 듣는 척만 하고 실제로는 듣지 않고, 상대방이 무슨 말을 할지 다 알고 있다고 지레짐작한다. 친구가 하는 말의 의도를 정확하게 파악하지 못하고, 말대꾸하고 끼어들어 친구들에게 불쾌감을 준다.

상대를 있는 그대로 봐주는 아이 & 지나치게 간섭하는 아이

다른 환경, 다른 규칙, 다른 부모의 양육 태도에서 다양한 아이들의 성격이 형성된다. 부모로부터 인정을 받은 아이는 친구를 있는 그대로 인정하고, 부모에게 지나치게 간섭받은 아이는 어떤 행동에 부정적인 피드백을 한다. 지나치게 간섭하는 아이는 자기 행동이 어떤 영향을 끼치는지 돌아보지 못한다. 다른 친구들의 행동에서 못 하는 부분을 지나치게 간섭할 뿐만 아니라 앞을 내다보지 못한다. 현재의 문제에만 집중해 팀 경쟁력에 좋지 않은 분위기를 만들어간다.

협력놀이를 통해 상대를 있는 그대로 봐주는 아이들은 세상을 보는 눈이 긍정적이다. 친구의 말과 행동을 있는 그대로 집중해 듣는다. 상대는 막힘없이 이야기하고, 있는 그대로를 봐주니 사고확장이 유연해지고, 신나는 마음에 다양한 아이디어가 쏟아져 나온다. 지나치게 간섭하는 아이들의 말과 행동을 있는 그대로 인정해주니 친구들과 하나로 융합되는 것을 볼 수 있었다.

아이들은 경청하며 상대를 있는 그대로 봐줬다. 예민한 아이들도 내면이 단단한 아이들 앞에서는 배려해주는 모습으로 부정적인 생각, 말, 행동들이 조심스럽게 바뀌었다.

자기의 말을 아끼는 아이 & 지나치게 비판적인 아이

지나치게 비판적인 아이는 부정적인 사고로 모든 것을 받아들인다. 일단 안 된다는 사고, 못 한다는 사고가 있어 무엇을 해도 즐겁지가 않고, 불평과 불만으로 표현한다. 무엇을 해도 즐겁지가 않고, 무기력한 태도로 문제의 해결점을 부정적으로 표현해 아이들의 긍정적인 생각조차 부정적으로 오염시키기도 한다.

반면, 자기의 말을 아끼는 아이는 상대가 나에게 말하고 싶은 기분이 들게 만든다. 불평, 불만을 말하거나, 의견을 제시하는 친구들 사이에서 갈등이 일어날 때, 자신의 의견을 제시하는 것이 아니라 문제를 해결할 수 있도록 돕는다. 자신이 말하기보다 중간중간 질문을 던지며 친구의 말을 경청하고 문제를 해결한다. 친구들이 말할 때 듣는 관점이 다른 아이들이다. 목표의식이 있어서 내가 말을 많이 하고, 적게 하고는 중요하지 않았다. 퍼즐 맞추듯 목표에 초점을 맞춰 친구들의 말에서 나오는 아이디어를 적극 활용해서 이야기를 잘 들어줬다. 자기 말을 할 때 자존감 높은 아이는 아이들의 의견을 총정리해서 목표에 빠르게 접근을 했다.

겸손하고 칭찬하는 아이 & 말이 끝나기 전에 넘겨짚고 재빠르게 결론을 내리는 아이

말이 끝나지 전에 넘겨짚고 재빠르게 결론을 내리는 아이는 자신을 독보적인 존재로 생각한다. 잘난 척하면서 문제를 빠르게 넘겨 해결하고 싶어 한다. 대부분의 아이들은 성격이 급하다. 이런 아이들은 결과보다 과정을 좀 더 세세하게 설명해주고 받아들이는 연습부터 천천히 해야 한다. 극과 극이 만나면 어느 한 친구가 힘들어진다. 협력놀이에서 어느 누가 참고 그냥 넘긴다면 교육의 본질이 흐려지는 것이다. 아이들이 자신의 감정을 솔직하게 표현하고 감정을 말로 표현할 수 있어야 한다. 그래야 자존감이 높은 아이라고 할 수 있다.

겸손한 친구는 자신이 잘한 일에 잘난 척하지 않고, 친구들의 칭찬에도 오히려 "네 생각이 더 좋았어"라고 이야기해준다. 자기를 돋보이게 하는 것보다 다른 친구들을 띄어주며 친구들에게 칭찬을 아끼지 않았다. 협력놀이에서 자존감 높은 아이는 겸손해서 친구들이 좋아하고, 만족스러워하며, 분위기가 좋으면 그것으로 만족하고, 관계를 즐겁게 이끌어갔다. 성격이 급한 아이는 겸손한 아이의 칭찬으로 과정을 즐길 수 있도록 도와줬다.

온몸으로 표현하는 아이 & 마음으로 담아 놓는 아이

마음으로 담아놓는 아이는 겉으로 표현하는 것을 어려워한다. 대부분 예민한 아이들이 그렇다. 실수하면 어쩌나, 친구들이 나를 어떻게 바라볼까 걱정을 많이 한다. 마음속에 담아 놓으니 오해를 사기도 하고, 속을 알 수가 없다. 이런 아이가 온몸으로 표현하는 아이를 만나면 보고 배우기도 한다. '이렇게 표현하는 거구나' 하고 따라 하지만 남들의 시선에선 얄밉게 느낄 수도 있다. 자존감이 낮은 아이는 "왜 따라 해!" 하고 자기를 따라 하는 모습을 싫어할 수도 있다. 자존감이 높은 아이는 자기를 따라 하는 모습을 즐기고 따라 해보라고 권하기도 한다.

온몸으로 표현하는 아이는 자신에 대한 사랑이 넘치는 아이다. 마음으로 표현하는 것이 아니라 온몸으로 남들이 부담스러울 행동을 취하기도 하지만 감정이 풍부해 솔직하게 표현하는 아이다. 어떠한 표현에 막힘없이 막춤도 출 수 있고, 즐거움을 혼자 알지 않고 친구들에게 에너지를 전달해준다. 분위기 메이커 역할을 한다.

다른 친구에게 관심이 많고 배려할 줄 아는 아이 & 소극적이고 예민한 아이

소극적이고 예민한 아이는 어떤 행동에 제한적으로 선을 긋고 딱 그 선만큼 하는 아이다. 실패와 실수를 하지 않기 위해 목표지점을 최소한으로 정해놓고 실수와 실패하는 모습을 보여주고 싶어 하지 않는다. 자기 마음을 남에게 들키면 창피하고 수치심을 느껴 본능적으로 자기를 보호하고자 예민하게 받아들이는 아이다. 다른 친구에게 관심이 많고 배려할 줄 아는 아이는 사람과 사람의 관계를 긍정적으로 보고 배워온 아이로 친구에 대해 호기심이 많다. 먼저 다가가 뭐가 필요한 게 있는지 없는지 친구들을 세심하게 살핀다. 친구를 보는 관점도 다르다. 때로는 친구가 상처받을까 봐 조심스러워 하는 부분도 있지만 내 도움이 필요한 친구가 있으면, "도와줄까?" 하며 친구의 의향을 물어보고, 진짜 도움이 필요하면 도와준다.

대부분의 아이들은 편견이 없지만 편견이 만들어진다면 가정에서 만들어진다는 안타까운 이야기를 하고 싶다.

아이들 앞에서 무의식중에 이야기했던 "공부하지 않는 ○○이랑 놀지 마라!", 편부모 가정에서 자란 아이에게는 "걔는 엄마가 없어서 그래" 등 부모가 아이 앞에서 편견을 갖고 말한 이야기들이 편견을 만든다는 걸 잊지 말아야 한다. 공부를 잘하든 못하든 똑같은 친구로 봐주고, 친구가 잘하는 게 무엇인지 아이와 서로 이야기하며 함께 칭찬할 거리를 찾아보자.

대화할 때는 긍정적인 피드백으로 동기부여를 해준다. 친구가 잘하는 부분을 칭찬해주면 아이도 덩달아 어깨가 으쓱해져 더 잘하려고 한다. 협력놀이에서 자존감이 높은 아이가 긍정적인 피드백으로 수업시간의 50% 이상 분위기를 만들고 이끌어간다. 자존감이 낮은 아이는 자신이 없다. 하지만 잘해내지 못하는 아이들도 긍정적인 피드백을 받고, '나도 할 수 있구나', '나도 친구들에게 도움이 되는 존재구나'라고 느끼며 자존감이 높아지기도 한다.

상대의 말을 끝까지 경청하고 수용해준다

상대를 설득할 수 있는 최선의 방법은 그의 주장에 귀 기울이는 것이다.

- 딘 러스트

아이가 말하고 대화를 하기 위한 언어의 발달에는 3단계가 있다. 1단계는 수용언어로 말소리를 이해하고, 2단계는 표현 언어로 생각을 말한다. 3단계는 화용언어가 있다. 3가지 언어가 발달이 원활하게 돼야 소통도 막힘없이 이뤄질 수 있다. 화용언어는 말, 경청, 수용과 어떤 연관이 있을까?

말은 의사소통 수단으로 말을 들었으면, 의미를 알아듣고, 상황에 맞게 말을 사용할 수 있어야 한다. 아이가 한 말의 진짜 의도를 이해하고, 친구들에게 내 말을 잘 전달하는 것을 화용언어라고 한다. 친구들의 말을 수용하기 위해서는 화용언어가 필요하다. 친구들과 어울리면서 상대의 말에 숨어 있는 깊은 의도를 알고 적절하게 받아들이고 사용할 수 있어야 한다.

친구의 언어를 받아들이고 다시 해석해서 말로 표현하는 단계가 돼야 친구와 대화를 할 수 있다. 언어로 의사소통하는 방법뿐만 아니라 비언어적 의사소통으로 다른 사람의 표정, 행동, 분위기를 보고 상황을 파악한다. 그래서 아이가 적절한 감정에 맞는 표정이나 행동을 취한다. 상대의 목소리 톤에서 친구의 기분을 파악하고 상황에 맞게 말해야 한다. 자존감 낮은 아이들은 표정이 어둡기도 하지만 어두운 친구를 보면 함께 감정이 어두워진다. 친구들의 말에 숨어 있는 의도를 찾지 못하고 "나한테 왜 시비를 걸어?"라는 말로 대처한 적이 있었다.

다른 친구가 관심이 없는 내용에도 다른 친구의 말을 듣고 엉뚱한 이야기를 하거나, 자기가 원하는 주제를 자기 마음대로 정해 화제를 바꿔 놓기도 하고, 질문에 대답을 해줬는데도 질문에 집착하면서 반복적으로 질문한다. 친구들 사이에서 겉돌고, 친구들과 있으면 "내 말은 왜 안 들어?" 하며 소통이 원활하게 이뤄지기가 힘들다. 이런 아이들은 접속사 사용이 부적절하고, 서로 주고받는 대화 능력이 부족하다. 내가 먼저 말하지 않으면 말하지 않는다.

자신의 말도 전달할 수가 있지만 다른 친구의 말의 요지를 파악하고 수용을 해줘야 한다. 친구들의 말을 잘 경청하기 위해서는 먼저 가정에서 경청해주고, 수용을 해줘야 한다. 경청과 수용을 받았을 때 어떤 기분이 드는지 충분히 안정적인 심리를 느껴 본 아이들은 그렇지 않은 아이와 다르게 상대의 말을 끝까지 경청하고, 수용한다. 우리가 아무리 바쁘더라도 긍정적 경청과 수용을 의식하면서 아이의 말에 경청하고 수용을 해준다면 자존감 높은 아이로 성장하게 된다.

우리의 인체는 신비로운 기능이 많다. 귀는 들으라고 있는 우리 몸의 도구다. 협력놀이 시간에 '수용'이라는 키워드로 진행한 적이 있다. 그 시간에 3명의 아이가 눈에 들어왔다.

A 친구와 B 친구가 서로 의견 차이로 팽팽하게 해결점을 찾지 못하고 있었다. 서로 자신들의 의견을 적극적으로 말하는 이유는 이전의 경험과 생각이 연결돼 자신의 의견을 이야기할 수 있는 것이다. 이때 아이들이 생각하는 의견을 제시하며 서로 이견을 좁혀 나아가는 자세가 중요하다. 다양한 친구들의 방법을 친구들과 나눌 때 어떻게 나눠야 하는지 해결방법만 알아간다면 이 아이들은 협력놀이로 함께 성장할 거라 확신한다. 자신의 말이 맞다고 우기며 목소리가 높아지는 모습이 오히려 기특하게 보였다. 저자가 바로 문제를 해결해주면 '개입하는 순간 친구들의 소통을 가로막는다'라고 생각한다. 정말 심하게 말다툼으로 감정이 오가기 전까지는 어떻게 해결하는지 아이들에게 기회를 주고 싶었다.

아이들이 스스로 해결하고 깨달음을 얻었으면 했다. 아이들을

지켜보며, 믿고 기다렸다. 오늘의 주제에 맞게 다시 한번 이야기해
줬다.

"오늘의 주제는 '수용'입니다. 수용이 무엇인지 잘 생각해보세
요."

자존감 높은 C 친구는 A 친구 이야기도 들어보고, B 친구 이야
기도 들어보며, 중간에서 중재 역할을 하고 있었다. 가벼운 마음으
로 A, B 친구의 의견을 들어보고 서로 의견을 수용해줬다. A, B 친
구에게 "넌 어떤 방법이야?", "A의 방법도 써보고, B의 방법도 써
보면 되지!"라고 말했다. 이렇듯 친구의 이야기를 들어보고 친구들
이 제시한 다양한 방법을 순서를 정하고 적용하면 된다. 당연하고
쉬운 원리라고 많은 사람들이 생각하지만, 협력놀이에서는 이 당연
하고 쉬운 원리가 바뀐다. 남들이 보았을 때는 작은 문제라고 생각
하지만, 아이의 입장에서는 사력을 다해 자신의 목소리를 내는 것
이다.

A, B 아이의 입장에서 생각해보길 바란다. 저자는 이 아이들의
문제점은 없다고 본다. 다만 이런 상황에서 대처하는 방법을 배우
지 못했고, 자신의 말을 귀 기울여 들어주는 사람이 없었다고 본
다. 인정을 받아 본 경험이 없으니 자신의 의견을 온 힘을 다해 "내
이야기를 들어보라고", "왜 내 이야기는 안 듣는 거야?"라고 항의
한다. 답답하고, 화가 나는 마음을 적절한 말로 표현하는 자존감
높은 C 친구들이 많이 있어야 한다. 그래서 A, B 친구는 내 이야기

를 주의 깊게 들어준 사람이 없어서 다른 친구의 말에 경청하지 못한다. 자신이 받아왔던 방법으로 자신의 이야기를 지켜내는 것이다.

A 친구가 이야기했던 방법도 적용해보고, B 친구의 방법도 적용해봤다. 친구들의 이야기를 들어주고 수용해줌으로써 아주 간단한 방법으로 문제를 해결할 수 있음을 느낄 수 있었다. 하지만, 아이들은 다른 친구들의 말보다 내가 먼저 말해야 하고, 내 의견을 먼저 수용받고 싶어 했다. 또한, 내가 제시한 의견이 맞는지, 틀린지 빨리 확인하고 싶어 했다.

C 친구의 이야기를 들었을 때 어떤 표정을 지었을까? A, B 친구는 '아~하' 뭔가를 깨달은 얼굴로 눈이 커졌다. 아이들이 사소한 문제로 상대 의견에 양보하지 못하는 경우가 많다면, 그 아이 의견을 먼저 경청해주고 문제를 수용하는 자세로 긍정적인 경험을 많이 해야 한다. 아이들은 친구의 말을 수용해줌으로써 많은 문제가 해결됐지만, 친구들의 의견을 받아들이지 않아 관계가 힘들어지기도 했다. 친구의 말과 행동에 수용해주는 자세만으로 순조로운 협력놀이가 된다.

의견충돌이 있었을 땐 일단 멈춰 진정하고 친구의 이야기를 듣는다

협력놀이를 하다가 일어나는 마찰은 의견을 좁히려고 조율해가는 하나의 과정이라고 본다. 아이들은 의견이 맞지 않으면 서로 목소리가 높아진다. 의견충돌이 있을 때 멈춰서 '왜 화가 났는지?' 친구 한 명 한 명의 이야기를 서로 듣게 해줬다. '무엇 때문에 화가 났는지?' 세세하게 이야기하고 서로의 이야기를 들어보라고 도와줬다. 그런데 대화를 하면 아이들이 서로 오해하고 있었던 상황이 종료되기도 하지만, 간혹 감정 조절이 되지 않아 협력놀이를 진행할 수 없을 때도 있었다. 한번은 D라는 친구와 E라는 친구가 말싸움을 해서 '왜 그런지' 보고 있었다. 협동이 되지 않아 서로의 신체 활동을 지적하고 있었다. D 친구는 열심히 하고 있는데 다른 친구가 봤을 땐 장난하는 것처럼 보였다. 장난이 아니라 이 친구는 정말 열심히 하는 친구였다.

불쾌한 감정의 스위치가 켜지는 순간 긍정적인 사고가 닫혀버린다. 불쾌한 감정이 불안으로 바뀌는 순간이다. 친구들이 제시한 방법을 차례대로 한 명씩 적용해보고 좀 더 나은 방법을 선택해 연습하고 순서를 정해 진행하고 있었다. 내가 친구들에게 알려주고자 했던 일들을 C 친구가 하고 있었다. 저자는 기쁜 마음을 최대한 감추고, 박수를 치며 C 친구에게 '엄지척'을 해보였다. 그리고 저자는 "어떻게 이렇게 해결할 생각을 했을까요?" 질문하며 아이의 생각을 끄집어내주려고 노력했다. D와 E 친구가 C 친구의 말을 들어 문제가 해결됐던 것처럼 이후에 문제에 직면했을 때 해결할 방법을 누군가가 들어주고, 맞장구를 칠 수 있는 것만으로 문제를 해결할 수 있었으면 하는 바람이다.

우리는 돌쯤 말하기 시작한다. 부모와 함께 지내면서 대화의 패턴도 생긴다. 아이들은 사회에 나가 부모와 함께 배웠던 대화패턴으로 말하고 관계를 쌓아간다. 우리 아이들이 경청하고 잘 수용해주는 게 하나 있다. 아이들이 좋아하는 유튜브 영상 그리고 TV 같은 미디어다. 어릴 때부터 태블릿 PC나 핸드폰을 손에 쥐고, 미디어에 노출돼 여러 화면과 소리를 받아들인다. 감정이 없는 미디어와 한방향으로 소통한다. 그런데 미디어의 함정은 아이가 생각할 수 없게 만든다. 오랫동안 미디어에 노출되면 화면을 끄면 아이의 뇌는 잠시 멍한 상태가 유지된다고 한다. 아이들에게 남는 건 어떤 내용일까?

좋은 정보를 받아들이면 아이의 학습능력이 향상되겠지만 아이는 좋은 정보인지, 나쁜 정보인지 거르지 못한다. 잘못된 정보를 너무 과하게 받아들이면 불안, 공포감을 불러온다. 영상을 보고 아이에게 질문을 하거나 물어보면 말로 설명하는 것을 어려워한다. 이것이 바로 생각할 수 없게 만드는 것이다. 화면이 빨리 지나가니 뇌에는 쾌락만 남는다. 미디어와 한방향 소통하는 아이는 다른 친구들과 함께하는 쌍방향 소통을 어려워한다. 어떻게 관계를 만들어가는지 부모로부터 세세하게 배우지 않으면 안 되는 시대가 돼버렸다. 실내에서 노는 일이 많아진 요즘은 시력이 나빠진 아이들도 많다. 아이는 부모와 하루 10분 놀이만으로도 다양한 감정을 나누고, 상호작용하며 언어 습관을 배워간다. 아이와의 관계가 걱정된다면 '한국행동교육훈련단' 또는 네이버 카페 '협력놀이연구소'를 통해 저자에게 문의해도 된다. 긍정적인 사람들과 함께 고민해보길 바란다.

힘들어도 서로 인내심을 갖고 극복한다

위대한 일을 이루는 것은 팀이다.

— 스티브 잡스(Steve Jobs)

인내는 배우지 않으면 비계획적이고 충동적이며 자기 행동을 통제하는 욕구 조절력도 떨어진다. 인내심은 2, 3세 아이가 말귀를 알아듣기 시작할 때부터 해도 될 일과 해서는 안 될 일을 구별하도록 일관성 있는 태도로 훈련시켜야 한다. 인내심이 없는 사람은 어려서부터 자기 조절 능력, 욕구 조절 능력을 배우지 못했기 때문에 어렵고 힘든 일이나 지루하고 재미없는 일을 해야 할 때 참고 견디지 못한다.

전두엽은 주의 집중력, 사고력, 기억력 등 인지 기능뿐만 아니라 감정, 충동을 조절하는 능력과도 관계가 있는데, 유아기에는 전두엽이 미성숙한 상태다. 전두엽의 기능은 집중유지, 판단력, 충동통제, 객관적 판단능력, 문제 해결, 정서를 느끼고 표현하는 능력, 경험에 의한 학습을 조절한다. 우리 몸의 조절은 전두엽에서 이뤄지고 생각, 말, 행동의 인내를 조절해준다.

부모는 인내심을 갖고 아이를 키워야 하지만, 무조건 참고, 인내로 키우는 것보다는 적당한 통제와 적당한 애정으로 적절하게 상황에 맞게 대처해야 한다. 인내는 부모가 옆에서 다 도와주는 것이 아니라 기다려주는 것이다. 나를 믿고 지지해주는 사람이 있는 것만으로도 건설적인 일을 할 수 있다. 아이들은 믿어주는 사람이 있으면 포기하고 싶었던 일도 해낼 수 있다. 그러기 위해서는 신뢰를 쌓는 일이 첫 번째로 이뤄져야 한다.

'자주 안아주기'

'스킨십 해주기'

사랑한다는 사실을 알더라도 표현하지 않으면 많은 오해가 쌓이게 되고 추측으로 사랑을 의심하기 시작한다. '엄마가 나를 사랑하나?' 하며 공허한 마음으로 의심하는 상황과 '엄마가 나를 사랑하고 있구나' 하고 마음이 꽉 차 있는 상황은 아이가 무엇을 해내려고 마음을 먹었을 때 출발점부터가 다르다. 실패와 실수를 두려워하는 아이가 있고, 완벽하게 잘하려는 아이들이 있고, 또 반면 시도도 해보지 않는 아이들이 있다. '실수해도 괜찮아'라고 말해도 스스로 긴장하며 끝까지 임무 수행하는 아이들이 있다. 반면 실수와 실패에 시도조차 하지 않는 아이들의 내면을 들여다보면 인내하지 못하고, 어떤 일을 하는 데 있어서 스스로 신뢰하지 못한다는 것을 알 수 있다.

아이가 힘들어하면 아이의 요구를 다 받아주고, 들어주는 게 아니라 기다려주는 태도가 중요하다. 요즘 넘쳐나는 물질로 풍족한 삶을 사는 아이들이 많아졌다. 절제하지 못하고, 기다리지 못하는 아이들도 인내가 부족하다고 할 수 있다. 인내심을 키우기 위해 아이가 느리더라도 스스로 할 수 있게 기다려줘야 한다. 우리가 기다리지 못하면 아이 스스로 할 수 있는 일이 없어진다. 스스로 해결해봐야 성취감을 얻게 되므로 우리는 아이가 흥미가 생길 수 있도록 스스로 할 수 있는 일을 늘려주고 격려해줘야 한다. 아이들은 수많은 실패의 경험에서 두려운 마음이 들면 바로 포기해버린다. 포기하지 않게 하기 위해서는 아이 스스로 하고 싶은 일을 능동적으로 찾아서 해야 한다. 공부도 인내가 있어야 잘할 수 있게 된다. 좋아하는 일을 찾으면 인내가 생길 수 있다.

협력놀이 수업에서 인내심이 없는 2학년 아이의 사례를 보겠다. 성격이 급한 친구가 있었다. 쉽게 짜증내고, 성격이 예민했다. 자신이 실수해도 남 탓을 했다. 줄넘기를 해도 금방 힘들어하고 싫증을 냈다.

협력놀이는 아이들의 인내가 있어야 하는 놀이다. 혼자서는 개인의 능력치를 잘 알지 못한다. 경쟁으로 상대평가를 하기보다 그룹으로 함께하는 절대평가를 만들어간다. 혼자 있을 때 인내가 있었다는 건 몰입했을 때 가능한 일이다. 그 몰입은 즐거운 마음으로 이뤘을 때 가능하다.

그리고 인내는 어려운 상황을 수월하게 받아들인다. 인내심이 있다면 협력놀이로 아이들이 한마음으로 모였을 때 위대한 일을 해낼 수 있다. 해내지 못했더라도 인내로 목표를 끝까지 이룰 수 있는 힘이 생긴 것이다. 놀이하다가 실수를 수시로 했던 친구가 있었다. "나, 안 할래!"라고 말했던 친구는 이 상황이 잘되지 않아서 포기하고 싶었지만, 그 이유가 전부는 아니었다. 주위 친구들의 말에 상처를 받고 자기가 이 팀에 도움이 되지 않아서 하고 싶어 하지 않았다. 어떠한 친구가 "괜찮아?"라는 말에도 마음은 풀리지 않았다.

인내는 혼자서 정해 놓은 인내도 있지만, 이렇게 함께하다 보면 다른 사람에 의해 포기하려는 아이들도 있었다. 협력놀이에서 한 명이 빠지면 남아 있는 친구들이 불편하다. 이 친구가 빠지면 힘든 것을 알기 때문에 눈치가 빠른 아이들이 "내가 말을 심하게 한 것 같아", "미안해!"라고 사과하고 나서야 아이는 다시 참여했다.

포기하고 싶을 때는 인내를 할 수 있도록 격려와 응원을 해줘야 한다. 어떤 일을 하다가 잘되지 않으면 그만하고 싶고 힘들어진다. 협력놀이를 친구들과 함께하다 보면, 혼자만 잘해내면 되는 일이 아니기에 힘이 든다. 그러나 막상 함께 성공을 이뤘을 때 성취감은 배로 느낀다. 친구들마다 잘하는 것이 다르기에 잘하는 친구들은 아직 익숙하지 않은 친구들을 보며 답답한 마음도 들 때도 있었다. 서로 이견을 조율해가는 과정에서 의견이 맞으면 괜찮지만, 아이들의 다양한 생각이 모이다 보면 맞춰 나가는 일 또한 어려운 일이다. 친구들의 의견이 모일 때 아이들이 쉽게 짜증을 내기도 한다. 인내는 절제와 같은 훈련을 통해서 충분히 키울 수 있다.

"괜찮아, 할 수 있어!"

"실수해도, 괜찮아!"

"마음껏 실수하는 날이야!"

실수의 유연함을 보여주니 실수를 두려워하는 아이들은 실수의 부담을 줄일 수 있었고, 아이들은 협력놀이를 즐기며 협동이 이뤄지는 것을 보았다. 친구의 속도에 맞춰 기다려주며 협동하는 모습을 보고 놀랐다. 평소 서로 속도가 맞지 않으면 "빨리 빨리해!"라는 말과 함께 짜증을 부리지만, 이 수업은 아이의 속도를 맞춰주고 인내하며 즐거운 마음으로 참여했다는 것만으로 박수를 보내줬다.

친구들의 말을 경청하면 문제가 해결되겠지만, 할 말이 있는데 꾹꾹 참아내며 경청을 해주는 건 좋지 않은 소통 방법이라고 이야기해줬다. 우리 인간은 협력으로 공동체 생활을 이어왔다. 이제 문명이 발달하고 몸은 편안해졌지만, 몸이 편한 대신 마음이 괴롭고 우울한 사람들이 많아졌다. 서로 협력하고, 격려하며, 응원하고, 인내하며 잘 극복했을 때 우울에서 벗어나 행복한 삶을 유지할 수 있다. 이때 협력놀이를 잘할 수 있게 인내를 갖고 극복할 수 있다.

협력놀이는 한배를 타고 가는 여정이다. 힘들 때 뜻대로 안 풀릴 때 우린 부정의 표현보다 긍정의 표현으로 함께 도착지까지 즐거운 과정을 만들어 완성해야 한다. 함께 협력놀이를 하다 혼자 열심히 해서는 되지 않는다. 앞만 보고 목표만 향해 달려갔다면 목표는 이뤄서 기쁘지만, 주위 친구들과 멀어짐을 느낀다. 결과는 결코 한 사람에 의해 이뤄지지 않는다.

삼 남매를 키우면서 커가는 아이들을 보면 아쉬움이 크다. 자라나는 아이들의 어린 시절은 다시 돌아오지 않는다. 그래서 중요하지 않은 날이 없다. 새해가 되면서 한 살을 먹었다고 좋아하는 아이들은 빨리 어른이 되고 싶어 한다. 엄마와 같은 모습으로 화장하고 예쁜 옷을 입어본다. 기분 좋은 날, 기분 좋은 아이들에게 이 말을 해줬다.

"한 살을 먹었다는 건 그만큼 할 수 있는 일도 많아져야 하는 거야!"

기분 좋게 떡국을 먹은 아이는 당연하다는 듯 대답도 씩씩하게 한다. 어떤 제한을 할 때는 기분이 좋지 않은 상황에서 이야기하지 않는다. 기분이 좋거나 평온할 때 스스로 온전한 마음에서 현재 상황에서 대답을 들었을 때 자기가 했던 말에 책임을 다해 노력할 수 있었다. 자기 스스로 다짐도 할 수 있는 아이가 됐다. 그리고 우리 집은 작년까지만 해도 아침 등교, 등원 길은 전쟁이었지만 이젠 스스로 준비하는 인내심이 강한 아이로 성장하고 있다. 스스로 다짐했던 대로 잘 지켜내지 못할 때도 잦다. 어른도 하루아침에 다짐했던 일들을 이루기 힘들다. 누군가 응원해줬을 때 힘이 생기고 한 번 더 해낼 수 있는 인내가 생기는 것이다. 이럴 때 우리가 필요한 건 격려와 응원이다.

"○○아, 잘하고 있어!", "어제보다 오늘이 더 좋아지고 있어!", "노력하니까, 이제 곧 잘할 거 같아", "노력하는 모습이 너무 멋져!"라는 말로 현재 이 아이들이 노력하는 모습인 과정을 격려해주고 응원해주면 아이들은 없던 인내도 하나하나 차곡차곡 생겨난다.

우리 가족은 이렇게 과정을 칭찬했더니 7세가 된 아들은 아침밥을 먹고 옷도 스스로 입고 양치질도 스스로 혼자 할 수 있는 일이 많아졌다. 그리고 다 챙겼으면 먼저 현관문 앞에서 기다린다. 어린이집에서도 태권도장에서도 화를 내지 않는 아이로 성장하고 있다. 어린이집, 태권도장 관장님과 상담할 때마다 공통점으로 말하는 '스스로 잘하는 아이'로 성장시키고 있다. 화를 내본 적이 없고, 배려심이 많은 아이로 성장한다는 이야기를 들었다. 저자는 이렇게 기관과 협업하며 함께 키우고 있다.

내가 잘하는 일로 아이들과 소통하길 바라는 마음이 크다. 내가 좋아해야 아이들을 온 힘을 다해 함께 키울 수 있다. 중간에 포기하지 않기 위해 격려와 응원을 보내며 오늘도 7세가 된 아들은 1품(1단)을 목표로 태권도장에 다닌다. 아이가 "배려를 많이 해준다. 스스로 할

수 있는 일이 많다"라는 이야기를 들었을 때 뿌듯하고 흐뭇하다. 가
정과 학교, 사회가 아이를 함께 키우지 않았다면 아이는 밝게 자라지
못했을 것이다. 저자는 아이에게 많은 사랑을 주는 선생님들과 관장
님께 항상 감사한 마음을 표현하며 살아간다. 그러므로 저자는 걱정
을 덜어 다른 아이들에게 사랑을 주는 사람으로 성장하고 있다.

　아이의 인내를 키우기 위해 콩나물에 물 주듯 우리는 아이에게
사랑을 줘야 한다. 좋은 환경에서 자랐다 하더라도 사랑이 빠지면
정서적으로 결핍이 생겨 건강한 아이로 성장할 수 없다. 사랑의 표
현은 거창한 건 아니다. 우리의 마음에 여유만 있다면 실천할 수 있
다. 오늘도 일과를 마치고 와서 아이를 만났다면 "TV 몇 시간 봤
어!", "컴퓨터 몇 시간 했어!", "책은 읽었어?" 같은 잔소리가 아니
라, 안아주며 "너무 보고 싶었어"라고 껴안아주는 것이다. 아이들
은 온전한 사랑을 받아야 힘들어도 인내를 갖고 극복할 수 있는 힘
이 생겨난다.

내가 잘해내지 못해도
조바심이 나지 않는다

저자는 어렸을 때 공부도 노래도 잘하지 못한다고 생각을 했었다. 친구들에게 피해를 주지 않으려고 긴장하며 지냈던 기억이 난다. 어른이 되고 나서야 인지하고 극복하고 있다. 저자는 어린시절 자존감이 높은 아이가 아니었다. 글을 써내려가며 과거의 나를 만났다. 그리고 마음을 정리하며 글을 쓰는 데 조바심이 나지 않으려면 스스로가 '나는 괜찮은 사람'이라고 다독였다.

조바심이 나지 않으려면 마음이 단단해야 하고, 목표의식이 뚜렷해야 한다. 조바심이 난다면 내가 무엇 때문에 마음이 흔들리는지에 대해 깊이 살펴봐야 한다. 조바심은 어디서 오는 것일까? '내가 잘해내지 못하면 어떻게 하지, 실수하면, 실패하면?' 하면서 걱정이 많은 사람들에게 나타난다. 실수와 실패에 유연하게 대처하는 방법을 트레이닝 받지 못한 까닭이다.

긍정의 힘이 내 생각을 바꾸고, 긍정의 반응이 신체회복에 도움을 준다. 마음은 뇌에서 움직이므로 긍정적인 생각을 할 수 있어야 한다. 긍정의 반응으로 신체회복을 돕는다. 긍정적인 생각과 긍정적인 반응을 선택해서 좀 더 긍정적인 길로 나아가야 한다.

우리는 부정적인 생각을 벗어나지 못하고 같은 실수를 반복하며 늪에 빠질 수도 있다. 그럴 때는 긍정의 힘으로 누군가 늪에서 구해줘야 하기도 하고 스스로 빠져나올 수 있어야 한다. 넘쳐나는 정보 속 거짓된 정보로 부정적인 생각을 낳을 수도 있고, 그것이 무의식 중에 있다가 행동으로 표출되기도 한다. 자신이 잘못됐다고 인식을 못 할 수 있다. 이럴 때 협력놀이로 아이들과 함께 소통하며 옳고 그름을 알아가야 한다. 같은 실수를 반복하더라도 격려와 응원으로 지지해줘야 한다.

긍정의 힘을 키우기 위해 시간이 오래 걸릴 수 있다. 오래 걸리더라도 스스로 긍정의 힘을 만들고 설계하고 옆에 있는 친구에게 도움을 줄 수 있어야 한다. 혼자 극복하는 일은 사막에서 오아시스를 찾는 것과 같다. 복잡한 인간관계를 이뤄 사는 사람이 할 수 있는 유일한 방법은 다른 동물과 다르게 함께 늪에서 빠져나올 수 있도록 서로 협동해서 끌어올려야 한다.

감정컨트롤을 잘한다

감정컨트롤을 잘하지 못한다면 실수했을 때 죄책감, 창피, 화, 슬픔 같은 여러 감정이 나타난다. '자존감이 높다, 낮다'로 판가름하게 되는 건 이런 불편한 감정을 어떻게 대처하는지에 따라 다르게 표현이 된다. 내가 잘해내지 못해도 친구들의 격려와 응원으로 조바심이 나지 않을 때도 있고 자존감이 낮더라도 친구들의 격려와 응원으로 조바심을 내지 않게 도움을 받을 수도 있다. 협력놀이를 잘하는 자존감이 높은 아이들은 감정을 표현할 때 문제를 한 번 곱씹어보고 '어떻게 이야기를 해야 하지?' 하고 고민하게 된다. 협력놀이를 잘하는 자존감 높은 아이는 한번 필터에 거르고 감정이 앞서지 않도록 노력하는 모습을 봤다. 자신의 감정을 표현하고 분위기를 만들어가는 아이에게 저자도 배우는 시간이었다.

생각을 심플하게 처리하는 아이와 생각이 많은 아이

새로운 일에 도전하는 일은 누구나 두려운 마음이 든다. '도전했니, 안 했니?', '행동했니, 안 했니?' 자존감이 낮은 아이는 수많은 선택에서 생각이 많다. 생각이 많으니 걱정거리도 많아진다. '될까, 안될까?', '할까, 말까?' 선택을 고민하다 결정을 내리지 못하고 수업이 끝나버린다. 결국 이 아이는 내가 하고 싶었던 방법을 말로 꺼내보지 못한다. 자기 생각이 반영되지 않아 제대로 놀아보지 못한 생각이 든다. 내가 표현하지 않아 친구가 몰랐음에도 상대가 내 말을 들어주지 않았다고 생각한다. '왜 내 마음을 알아주지 않을까?' 남이 나를 알아봐주길 바란다.

자존감 높은 아이가 조바심이 나지 않는 이유는 선택과 결정능력이 빠르기 때문이다. 아이는 본인의 단점을 인정하고 모든 문제를 쿨하고 심플하게 처리한다. 본인은 익숙하지 않은 일이지만 적극적으로 놀이에 참여할 수 있도록 돕는다. 그리고 본인이 잘하지 못하는 일이라고 친구들이 잘하는 부분을 인정하며 잘하는 친구를 앞장세워 리드한다. 예전엔 리더(지도자)가 성장하는 시대였지만 지금은 리드(앞장서서 남을 이끔)하는 아이가 강점인 시대로 변했다. 우리는 아이들이 잘해내지 못해도 조바심이 나지 않도록 심플하게 일을 처리할 수 있게 아이의 강점을 살려주고 도전할 수 있는 마음을 키워주자.

자기의 실력을 숨김없이 이야기한다

못하는 데 잘하는 척해 본 적이 있을까 모르겠다. 내 실력이 들통이 날까 조바심이 나기도 한다면 스스로 열등감이 있는 사람이라고 받아들여야 한다. 협력놀이에서는 아이들에게 지금 이 도구를 갖고 잘 다루지 못하더라도 "해본 경험이 없어서 못 하는 게 아니라 익숙하지 않아서"라고 이야기해준다. 왜냐하면, "지금은 못하는 이유가 연습을 많이 해보지 않아서 아직은 익숙하지 않은 게 당연한 것"이라고 이야기한다. 중요한 건 내 기량을 숨길 필요가 없다. 협력놀이는 내가 무엇을 잘하는지, 무엇이 어려운지 친구들과 함께 맞춰가는 일이다. 친구들과 함께하는 즐거움만 알고 가는 것만으로도 충분하다.

누구나 잘하는 것과 아직 익숙하지 않은 일이 다르다고 이야기를 하지만, 대부분 아이들이 스스로 잘해내지 못해도 인정하지 않고 남 탓을 하는 아이들이 많았다. 자신이 못하는 게 있으면 못한다고 당당하게 이야기하면 된다. 단, 자신이 잘해내지 못해도 그 자리에서 최선을 다해보는 자세가 중요하다고 이야기해준다. 친구들과 협력놀이를 함께하다 보면, 나보다 친구들이 잘할 때 순간 위축이 되기도 한다. 하지만 괜찮다. 지금은 익숙한 상황은 아니지만 연습하다 보면 처음보다 더 익숙해질 테니까. 그래도 잦은 실수로 위축되고 조바심이 나는 친구가 있다면 항상 "괜찮아", "그럴 수 있어" 하고 위로의 한마디를 건네 보자. 긴장이 풀리고 월등한 실력을 보여줄 수 있는 숨겨진 격려와 응원의 말이다.

인정하고 함께 잘할 수 있는 일을 찾는다

아이들은 미리 머릿속으로 상상하고 예상하는 일을 어려워한다. 경험해보고 실패해보지 않은 삶에 익숙하기에 어려움을 뛰어넘으려 하지 않고, 평탄한 길을 찾는다. 협력놀이를 하다가 내가 실수해도 인정이 빠르고 내가 자신이 없는 놀이를 한다면 잘하는 친구가 앞장설 수 있게 도와준다. 예전의 리더는 위에서 끌어 올려줬더라면 지금은 잘하는 일을 더 잘할 수 있도록 도와주는 사람이 리더가 됐다. 이젠 다른 친구들이 잘할 수 있도록 능률을 끌어올릴 수 있는 친구가 선한 리더십을 가졌다고 할 수 있겠다.

《리더를 위한 멘탈 수업》에서 압도적 성과를 올리는 사람들의 7단계 성공전략을 빗대어 대상을 아이들로 가져와 협력놀이를 통해 조바심 내지 않았던 친구를 관찰하고 서술해봤다.

1. **자기 이해** - 자기 자신을 정확하고 깊이 있게 이해하는 것이다. 내가 어떤 사람인지 객관적으로 이해해야 한다. 내 문제점이 어디에 있는지 정확하게 파악하고, 다른 친구의 평가, 조언도 중요하지만, 자기 내면에 귀를 기울이는 것이 가장 중요하다.

2. **내면 받아들이기** - 자기 자신을 있는 그대로 수용한다. 부정적인 피드백을 받아들여야 멈추지 않고 계속 성장을 할 수 있다. 우

리는 성장을 하기 위해 친구들의 부정적 피드백을 내면에서 막거나, 시인하거나, 회피하면 안 된다. 이를 온전히 받아들이고 빠르게 성장할 수 있도록 도와야 한다. 계속 성장하기 위해 격려와 응원으로 스스로 받아들일 수 있도록 도와야 한다.

3. 관점 바꾸기 – 문제를 바라보는 관점을 바꿔 다르게 바라보게 한다. '생각의 틀'을 바꿔야 다른 친구들의 생각을 받아들이고 융합하기가 수월해진다. '다른 친구가 이렇게 볼 수 있구나' 하며 비판적 사고로 관점을 다르게 생각하고 내 판단과 감정을 분리해낼 수 있어야 한다.

4. 자기 한계 극복 – 내면을 끊임없이 긍정적인 태도를 유지해야 한계를 극복할 수 있다. 어떤 어려움에 부딪혀도 분명한 목표를 세우고 흥미를 유발시켜야 한다. 긍정적인 에너지로 채우기 위해 노력하고, 포기하지 않고, 꾸준히 해나가는 끈기와 인내심도 필요하다.

《부의 확장》에는 '거인의 어깨에서 시작하라'라는 장제목이 있다. 이 책에서는 '한계를 혼자 극복하기 위해서는 도움을 구해야 한다. 다른 친구에게 내 고충을 털어놓는 것은 약점을 드러내야 한다. 친구가 알아주기를 기다리기보다 먼저 다가가서 소통해보는 방법이 필요하다'라고 이야기한다.

5. 회복 탄력성 – 실패에서 빠르게 회복하고 빠져나오기 위한 마음 훈련 단계다. 실패는 하나의 성공으로 가는 단계라고 생각하고 실패를 배워서 극복해야 한다. 《리더를 위한 멘탈수업》에서는 '성장 마인드 셋은 부정적 피드백이나 비판으로부터 무엇이든 배우려는 자세다. 친구들의 성공에서 교훈을 얻어 자기 성장을 위한 자양분으로 사용한다. 인간의 능력은 태어날 때부터 정해져 있다는 고정 마인드 셋은 실패를 자기 능력의 한계로 받아들여 아예 극복하려는 시도조차 하지 않게 된다. 실패에 민감해서 자신이 이미 갖추고 있는 역량을 증명할 수 있는 일만 택하고 도전한다'라고 했다.

6. 반복학습 – 반복적으로 성공할 수 있도록 경험을 쌓고, 개인의 성공을 높임으로 조직으로까지 연결돼 능력을 발휘할 수 있어야 한다. 내 마음이 먼저 서야지 다른 친구들도 끌고 함께 갈 수 있다. 작은 목표부터 시작해 점점 단계를 높여 흥미를 갖고 계속 도전할 수 있도록 동기 부여를 해주며 스스로 성공해봄으로써 내면이 단단해질 수 있다.

7. 자기경쟁 – 성공을 많이 하는 아이일수록 겸손해지는 법을 배워야 한다. 달콤하고 좋은 말만 듣고 자란 아이는 넓은 세상에서

착각에 빠져 살아간다. 그런데 천재성이 있고 뛰어난 아이들은 많다. 그 아이들과 경쟁이 아니라 자신의 강점을 살리고 주위에 피드백을 귀담아듣고 겸손한 태도로 성장시킬 필요가 있다.

협력놀이를 할 때 아이들은 어떤 문제를 해결하기 위해 결정하고 시도해본다. 문제가 있다면 실수와 실패를 경험해봤던 아이는 예측하기도 한다. 아이들이 안 된다고 조바심을 내지 않은 이유는 바로 성장을 자신의 경쟁상대로 정하고 실행에 옮겼기 때문이다.

친구들과 대화로
문제를 해결한다

협력놀이 시간에 한 명의 아이가 불성실한 태도로 참여하면 분위기가 처지고, 다른 친구들도 분위기에 동요돼 함께 다운되는 경우가 있었다. 컨디션이 좋지 않은 아이, 게임을 하고 늦게 잠을 자 피곤한 아이도 있었다. 하지만 이런 아이들을 딱 꼬집어서 자존감이 낮은 아이라고 하긴 힘들다. 이런 아이들에게 동기 부여를 해주고 놀이에 참여시키기까지는 주변의 컨디션 좋고 자존감 높은 아이들의 역할이 컸다. 강사가 역량이 부족해 행여 재미없는 수업을 하더라도, 자존감 높은 아이들은 처진 분위기를 끌어올려 줬다.

대부분 친구들의 관계는 '말'에서부터 문제가 발생하지만 협력놀이는 친구들과 협동해 힘 조절이 필요하다. 함께 집중하면 할수록 즐거워 놀이에 몰입하는 아이들도 있지만, 행동절제가 힘든 아이들도 있었다. 수업 시 새로운 도구로 익숙하지 않은 상태에서 모두 시작점은 같다. 과정과 결과는 친구들이 문제가 발생했을 때 어떻게 대처하는지에 따라 다르게 나타났다. 친구가 실수한 말과 행동에도 자기만의 해석으로 부정적인 감정을 표현하는 아이들도 있었다.

말은 우리가 가진 생각이나 느낌을 표현하고 전달할 수 있다. 말은 혼자서 가능한 일이지만, 대화는 다른 사람과 마주 보고 말을 주고받아야 한다. 진정한 대화는 문제가 생겼을 때 내 마음을 전달하고 문제의 해결점을 찾는 것이다. 대화는 나 혼자 말을 하는 것이 아니라 상대를 공감해줄 수 있는 말로 대화해야 한다. 친구들과 문제가 발생했다면 대화 없이는 원만하게 해결해 나아가기가 어렵다.

'말은 쉽지만 대화는 어렵다'라고 하는 사람도 있다. 모든 대화가 유쾌하거나 즐거운 일은 아닐 수 있다. 대화하면 할수록 대화가 되지 않는 거 같고 내 말에 반응은 해주지만 전혀 공감을 받지 못하는 경우도 있다. 또한, 상대가 눈치채지 못하고 본인이 하고 싶은 말만 늘어놓는 경우도 있다. 자존감이 높은 아이는 상대를 존중하고 이해한다. 그리고 상대의 입장에서 생각하고 대화하기 때문에 문제 해결에도 감정을 개입하지 않아 금방 해결할 수 있었다.

자존감이 낮은 A 아이는 "짜증나"라고 말한다. 속마음은 '이게 잘 안되네', '이게 어렵네'라는 말이 숨어 있다. 부정적으로 표현했던 친구 마음을 좀 더 깊이 들어가보면 '잘해내고 싶은데 잘 안되네'라는 마음이 숨어 있다. 자존감 낮은 B 아이는 A 아이가 하는

"짜증나"라는 말을 듣고 자신에게 했던 말은 아니지만, 내가 잘해 내지 못하는 거 같다는 생각으로 조마조마하고 불안한 마음으로 참여한다. '나 때문에 짜증이 난 건 아니겠지?', '나한테 그러는 건가?'라고 생각한다. 그러면서 서로 대화가 아닌 감정을 툭툭 내뱉으며 감정소비를 한다. 말로 대화하지 않으면 친구들과 감정소비로 부정적인 감정을 표현할 수밖에 없다.

저자는 '내 내면에는 공감과 위로를 받고 더 나아가 인정을 받고 싶은 욕구를 채우려 했다'라는 것을 알게 됐다. 또 사람들과 만나면서 대화를 잘해왔다고 생각했다. 내가 작가가 되기로 마음을 먹고 글을 쓰면서부터 내 단점이 크게 보였다. 문제가 생기지 않게 하려고 굉장히 조심스럽고 소심한 태도로 대처하며 살아왔다. 문제 해결 능력이 뛰어난 사람은 아니지만, 아이들이 대처하는 모습을 보며 초등학교 1학년 친구들과 수업하면 1학년 때의 나를 만났고, 4학년 친구들을 만나면 4학년 때의 나를 만나면서 수업했다. 아이들을 만나면서 내 내면이 치유되고 있었다. 아이의 입장에서 공감해주려고 노력했다. 문제가 생겼을 때 대화를 유도하며 해결할 수 있도록 질문을 던졌다. 아이들을 만나면서 내 생각과 다른 사람의 생각을 조합하며 내 스타일로 만들어가는 과정을 좋아했다.

누군가 설득과 이해를 시키기 위해 대화한다

우리는 살아가면서 관계를 맺고 관계 속에서 살아간다. 아무 이야기도 하지 않고 살아가는 건 내가 없는 삶을 살아가는 것과 똑같다. 우리는 대화를 통해 생각을 공유하고, 상대방과 나의 다른 점에 대해 알아간다. 서로 원활하게 소통하지 못해 내 의도와 다르게 친구에게 전달된다면, 오해로 인해 대화를 회피하거나 단절된다. 원활한 대화가 되지 않으면 말하는 친구는 듣는 입장이 돼보며 점검해야 한다.

여기서 핵심 말하기 기술은 상대의 기분이 상하지 않으면서 자신의 의견이 받아들여지도록 말해야 한다. 서로 문제를 해결하고 긍정적인 관계로 나아가야 한다. 목표를 함께 이루기 위해 갈등문제도 대화로 해결할 수 있어야 한다. 시간이 걸리더라도 한 명 한 명 친구들의 감정을 세세히 살펴보고 현재 가진 감정을 말로 표현하는 것이 중요하다.

협력놀이에서 갈등은 멈추는 것이 아니라 해결하는 것

저자는 아이들마다 입장이 다르기 때문에 "그럴 수 있어", "화가 났을 거 같아"라고 공감해줬다. 꼬리의 꼬리를 문 친구들의 이야기를 공감하며 들어줬더니 각자 나름 충분한 이유가 있었다. 아이들의 문제 행동을 단정 짓지 않고 들어주는 것만으로도 문제가 해결되는 것을 볼 수 있었다.

㉠ **잠시 멈춘다.**

　(감정이 서로 불편하다면 무엇 때문에 기분이 좋지 않은지 생각해본다)

㉡ **한 명씩 불편한 내 감정을 이야기해본다.**

　(상대는 공감해준다. "그랬구나")

㉢ **어떤 문제로 힘들었는지, 친구의 말과 행동으로 힘들다면 사실대로 표현할 수 있게 도와주자!**

대화는 상대의 생각을 공감해야 한다. 대화에서 공감되지 않으면 상대방 입장에서 이야기를 나누는 자체가 부담스럽고 불편하다고 느낀다. 대화할 때 공감은 내 안의 숨어 있는 마음상태를 알아봐주는 것이다. 문제가 발생했을 때 내 입장에서도 생각하지만, 상대의 입장에서도 생각해야 한다. 대화로 문제를 해결하는 친구는 공감하는 자세로 상대의 마음을 알아봐준다.

자존감 높은 아이는 궁금한 점이 많다. 어떤 목표가 보이지 않는 벽에 부딪히면 불안하고 두려울 수 있다. 하지만 뭔가 해결책이 없을 때 상대의 의견을 물어보기도 하고, 생각에 생각이 더해지면 더 좋은 아이디어가 나온다.

　자존감 높은 아이는 부모로부터 마음을 공감받는 아이들이 많다. 공감능력이 타고난 것도 있겠지만, 그보다 더 중요한 건 부모로부터 공감능력을 배워나가는 것이 중요하다. 부모와 공감된 마음을 얻은 경험을 했다면, 타인과 아이가 좀 더 친밀하고 격의 없는 경험을 지속적으로 이어갈 수 있도록 도움을 줘야 한다. 아이는 부모가 타인을 대하는 모습을 보고 말과 행동을 모방하므로 아이가 있는 앞에서 더욱더 주위를 살피며 살아야 한다.

　대화는 관계를 이어주는 역할을 한다. 우리가 살아가는 인생에서 대화를 점이라고 생각하고 대화가 원활한 소통의 선으로 연결될 수 있도록 대화로 관계를 이어가야 한다. 그러므로 관계에서 문제가 발생했을 때 타협, 협상, 상호 간의 양보를 경험하고 배워갈 수 있다. 문제가 생기더라도 문제가 될 게 없이 스스로 생각과 말을 이용해 대화로 해결해가면 된다. 다른 사람의 생각을 공감하고 소통하는 과정에서 일어나는 융합은 21세기를 살아가면서 큰 강점이 될 것이다.

　대화를 반복하면서 많은 일을 겪고 해결하면서 좋은 관계가 지속될 수 있도록 틀린 것을 지적하기보다는 다름을 인정해야 한다. 상대의 생각을 존중하고, 다른 사람의 생각에 내 생각을 덧붙여 변화할 수 있는 시너지가 나올 수 있도록 발전 가능성을 열어두자. 상호 간에 양보하는 법을 배워 더 큰 그림을 그리고 살아갈 수 있도록 도와줘야 한다. 내 의견과 친구의 의견이 모여 서로 문제를 이해하고 인정해야 한다. 그리고 서로 문제해결 방법이 납득이 됐을 때 명쾌한 결론도 나올 수 있다. 시간이 없어 누구 한 명의 생각이 강요됐을 때 결과가 좋게 나오더라도 과정이 좋지 않았으면 나는 실패한 수업이라고 생각한다.

　삶은 관계가 전부다. 우리는 혼자서 성장할 수 없는 동물이다. 관계를 통해서 스스로 무언가 조금씩 배우며 변화시키고, 발전 지속 가능성이 있어야 뇌가 심심하지 않고 즐겁게 살아갈 수 있다. 복잡한 관계 속에서 상대방의 입장에서 서로 공감해야 말과 대화가 가능해진다. 비로소 문제해결을 할 수 있게 된다.

상대의 감정을 이해하는 아이로 자란다

👫

우리는 부모의 유전적 DNA를 받고 다른 환경, 다른 가정에서 태어나 다른 외모와 다른 성격을 지니고 살아간다. 우리의 생김새가 다르듯 태어나면서 갖고 태어난 기질도 사람마다 다르게 태어난다. 사람마다 선천적으로 타고난 성질을 '기질'이라고 한다. 문제가 발생했을 때 받아들이고 해결하는 태도, 정서 반응이 모두 다르다. 협력놀이를 하다 보면 의견충돌이 일어날 때 그리고 아이들이 대수롭지 않게 상황을 가볍게 넘길 때도 똑같은 상황에서 분위기는 다르게 흘러간다.

아이들의 다양한 성격을 문제라고 생각하면 문제가 될 수 있다. 하지만 다양한 성격에 집중해 왜 그럴까를 생각해보면 서로의 부족한 부분을 이해하는 것이 중요함을 깨닫는다. 내 감정에 집중하며 서로의 강점을 찾아줘야 한다. 친구들의 강점을 부각시켜 아이들의 강점과 약점을 충분히 이해하고 받아들였을 때 아이들도 주파수를 맞추며 감정의 퍼즐을 맞춰 나간다.

아이러니한 건 우리가 육안으로 보는 외모에 대한 비난은 조심스러워하지만, 눈에 보이지 않는 성격을 비난하는 것은 조심스러워하지 않는 경우를 봐왔다. 사실 아이들의 외모와 성격은 있는 그대로 봐줘야 하는 동일한 성질로 생각해야 한다. 외모와 성격은 한 명의 자아개념을 만드는 형태다.

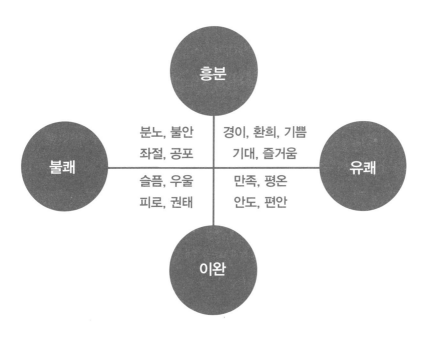

인간관계와 정신건강 – 감정과 정서 분할

선과 악의 갈림길에서 방황하는 아이들을 선의 길로 끌어올려 줄 방법은 아이의 감정을 이해하고 부정적인 감정이든, 긍정적인 감정이든 아이들이 가진 감정상태를 있는 그대로 옳은 일이라고 생각하고 받아들여야 한다. 다음은 정혜신 저자의 《당신이 옳다》를 읽고 아이들에게 적용해본 사례다.

아이들은 태어나면서 보고, 듣고, 맛보고, 느끼고, 냄새를 맡는 오감이 발달한다. 아이는 양육자를 통해 오감이 발달하고, 부모와의 관계에서 맺어진 기억으로 패턴이 만들어진다. 그리고 사회에서 아이들과 상호작용을 하면서 성격이 만들어지기도 한다. 상대의 감정을 이해하는 아이로 자라기 위해서는 양육자의 관점이 아이가 세상을 바라보는 관점에서 시작해야 한다. 아이의 감정을 인정해줌으로써 아이는 인정받고, 상대의 감정을 이해할 수 있는 아이로 성장할 수 있다.

협력놀이를 진행하면서 아이들의 여러 감정을 볼 수 있었다. 잘되지 않으면 인내심이 부족해 짜증내는 아이들, 도전을 제대로 해보지도 않고 포기하려는 자포자기 아이들, 안 되는 건 똑같은 맥락이지만 다양한 감정들을 표현하는 것을 볼 수 있었다. 시작은 늘 똑같지만 과정을 어떻게 해결했느냐에 따라 해결하는 자세에서 오는 결과는 천차만별이었다. 개개인의 감정이 잘 다뤄지지 않는다면 협력놀이로 함께하는 건 힘든 일이다. 하지만 문제를 보는 것이 아니라 친구들의 감정을 이해하고 격려하며 '그래 한번 해볼까?'라는 용기가 생기기도 한다.

11월 말 어느 추운 날, 파이프 릴레이라는 도구로 '실수해도 괜찮아'라는 주제를 갖고 협력놀이 수업을 진행했다. 다른 아이들은 적극적인 모습으로 소리 지르고 아주 열정적으로 즐겁게 참여했다. 아쉬우면 아쉬워서 탄식과 함께 소리 지르고, 성공했으면 좋아서 소리를 지르며 땀을 뻘뻘 흘렸다. 그런데 소리 지르는 그사이에 아주 고통스럽게 귀를 막고 있는 A 아이가 보였다. 협력놀이에 집중을 못해 참여하지 못하고 있었다. 도움이 필요해 보이는 청각에 예민한 아이로 소리에 확실히 민감해 보였다. 자기 자신을 보호하기 위해 고통스럽게 귀를 막고 있었다.

"조용히 좀 해줘."

"소리 지르지 말아줘."

두 갈림길로 나뉘었다. A 친구는 나와 다른 문제의 아이였다. B 친구는 "어디가 불편하냐?"라고 물었다. C 친구는 "쟤는 맨날 귀를 막아요"라고 말을 하면서 귀를 막고 고통스러워 하는 A 친구의 말을 들어주지 않았다. 말을 들어주지 않으니 A 친구는 화를 내려고 했다. 청각이 예민한 경험을 해본 적이 없는 친구들이 예민한 친구의 고통을 모르는 건 당연했다. 이 친구만 알고 있는 고통이 느껴졌다. 만약, 상대의 감정을 이해하는 아이였다면 이 친구가 말하기 전에 먼저 불편함을 알아차리고 불편한 점에 대해 들어줬을지도 모르겠다는 안타까운 생각을 해봤다. 그리고 귀를 막고 있는 친구에게 다가가 조심스레 물어봤다.

"지금 친구들 목소리가 엄청 크게 들려서 귀를 막고 있는 건가요?"

A 친구가 힘들어하며 고개를 끄덕였다. 곧바로 나는 친구들에게 이야기했다.

"청각이 발달해서 남들보다 소리가 크게 들리는 친구가 있어요."

"이 친구는 다른 친구들보다 청각이 발달해서 작은 소리도 크게 들려요. 여러분들이 도와줘야 해요."

"소리를 조금 낮춰보자!"

내가 하는 말에 친구들은 고개를 끄덕였고, 소리를 지르고 싶어도 고통스러워 하는 아이를 배려해주며 함께 협력놀이를 이어갈 수 있었다. 다음 수업시간에 친구들은 A 친구의 고통스러움을 알고 목소리를 낮춰 친구의 고통을 알아줬다. 이렇듯 다른 사람이 불편해하면 관심을 갖고 "괜찮아?"라는 말 정도는 건넬 수 있어야 한다.

살아가면서 진정한 친구를 만난다는 것은 쉬운 일이 아니다. 친구 관계는 수직 상하 관계가 아니라 수평적 관계로 대등한 위치에서 시작한다. 사회에 나오면 꼭 나이가 같아야 친구가 되는 것은 아니다. 친구란 발전할 수 있는 방향으로 이끌어주고, 긍정적인 방향으로 함께 공감하며, 성장하는 과정에서 가족 다음으로 함께하는 동반자다.

진짜 친구라면 정의를 내려 보길 바란다.

일이 잘 풀리지 않을 때 위로를 해주는 사람이 있는가?

내가 잘못된 방향으로 가고 있을 때 충고해주는 사람이 있는가?

내가 힘들어할 때 도움을 주는 사람이 있는가?

좋은 일에 함께 기뻐해주는 진정한 사람이 있는가?

저자는 제주도가 고향이지만 중학교 3학년 때 태권도 특기장학생으로 고등학교 진학을 위해 부천에 있는 고등학교에서 기숙사 생활을 시작했다. 많이 힘든 상황에서도 응원해주는 가족 그리고 친구들이 있어 위로를 받고, 힘을 얻기도 하고, 충고도 따끔하게 감사한 마음으로 받아들일 수 있었다.

지금은 결혼 후 앞집의 시부모님, 시누이가 든든한 지원군이 됐다. 내가 어린 나이에 부모님과 떨어져 생활할 수 있었던 것은, 힘들었던 순간순간 내 감정을 이해해주는 친구가 있었기 때문이다. 아이를 키우면서 육아의 조력자로 함께 감정을 나누며 격려해줬기에 긍정 에너지를 받을 수 있었다. 긍정적인 사람들에게 큰 도움을 받았기에 함께 성장할 수 있었다.

상대의 감정을 다루기 위해서는 내 감정을 먼저 다뤄야 한다.

자기의 감정을
잘 표현할 줄 안다

우리는 인간이라 희로애락을 느끼며 세상을 살아간다. 부정적 감정 처리에 대해 우리는 무조건 참고 인내하며 살아가지만 감정을 잘 표현했다고 볼 수는 없다. 감정을 잘 표현한다는 건 불편한 감정을 수용하고 받아들이는 자세가 돼야 완성이 된다.

여자는 보통 24세, 남자는 30세 무렵을 전두엽의 완성 시기로 본다. 자식은 부모의 유전인자를 받고 어떤 정보가 뇌에 입력되면 감정표현은 부모를 보고 학습한다. 자기의 감정을 잘 표현하는 아이는 자기 감정을 잘 살핀다. 내 감정의 위치가 어디에 와 있는지 잘 알고 있다.

협력놀이를 잘하는 아이는 대체로 자존감이 높다. 행복, 기쁨, 두려움, 분노, 혐오, 긍정의 감정과 부정의 감정을 잘 표현한다. 평소에 아이가 울고 떼쓰는 부정적 반응에 민감한 사람이 있다. 아이에게 부정적 반응을 보인다면, 내가 불편한 감정을 잘 받아들이고 있는지 살펴볼 필요가 있다.

행복하고 기쁘기만 하다면 남들이 힘들어하는 감정을 받아들이고 공감할 수가 없다. 항상 화가 나고, 우울하다면 주변 사람들에게 불편함을 만드는 상황이 연출될 것이다. 하루에도 행복, 기쁨, 슬픔, 두려움 같은 복잡하고 다양한 감정을 느끼며 살아간다. 이런 편안한 감정과 불편한 감정들은 우리가 살아가면서 부딪히고 해결해야 하는 감정들이다. 한마디로 살아가면서 필요한 내 모든 감정을 받아들이며 살아가야 한다.

기쁨은 기쁨을 표현해서 사람들과 기쁜 감정을 공유하고, 내가 무엇이 잘되지 않아서 화가 나거나 두려운 마음도 표현해서 나를 일으켜 세울 수 있도록 다른 사람들에게 위로와 응원의 도움을 받는다. 내 감정이 상대에게 솔직하게 표현됐을 때 서로의 감정을 알게 되고 편안하고 좋은 관계를 이어갈 수 있다.

초등학교 3학년 아이들과 함께한 협력놀이 시간이었다. 아이들끼리 화내고 짜증을 많이 내어 "화내지 않으려면 어떻게 해야 할까?"라고 묻고, 자신 안에 갖고 있는 불편한 감정도 잘 표현하라고 이야기했다. 아이들은 편안한 감정은 자연스럽게 잘 표현했지만, 불편한 감정을 처리할 때는 소리를 지르거나 반대로 표현하지 못했다. 아이들이 표현하는 이 상황을 봐도 불편한 감정을 받아들이는 양육자인지 아닌지 판가름이 되기도 한다. 저자는 수업시간에 불편한 감정을 표현할 수 있도록 도움을 주기도 했다. 초등학교 3학년인 저자의 아이는 불편한 감정을 참고 기다려주는 아이라는 것을 협력놀이를 통해 알았다. 불편한 감정을 표현하지 못하는 아이였다.

이처럼 다른 부모님도 우리 아이가 집에서 해왔던 말과 행동이 학교에서 친구들에게 하는 말과 행동이랑 다르다는 것을 인지하고 함께 극복해나갔으면 한다. 불편한 감정은 무조건 참는 게 아니라 말로 설명할 수 있어야 한다. 그러기 위해 나 자신이 현재 감정을 어떻게 다뤄야 할지 생각해볼 수 있다. 자신의 감정을 표현해야 내 감정을 보호하며 나를 지킬 수 있다. 감정을 많이 느끼며 표현하고 아는 친구와 그렇지 않은 친구들의 감정을 표현하는 차이는 확실히 컸다.

언제 불편한 감정을 느끼는지 물어봤다. 어떻게 하고 싶었는지, 내 감정이 어땠는지, 아이들에게 감정을 표현할 수 있도록 연습했다.

동생이 장난감을 망가트릴 때 〉때리고 싶은 마음 〉화가 났다.
엄마가 동생 편만 들 때 〉동생을 더 괴롭히고 싶었다. 〉내 말을 들어주지 않아 슬펐다.
언니가 나를 괴롭힐 때 〉언니를 때리고 싶었다. 〉화나고 속상했다.

양육자는 아이들이 불편한 감정을 표현할 때 이야기를 하는 충분한 연습이 필요하다. 불편한 감정에 억압되면 자연스럽게 표현하지 못해서 화를 내거나 소리를 지른다. 나는 이런 아이들에게 감정이 어땠는지 물어봤다.

대부분 화났다, 속상했다 같은 한정된 감정표현으로 한계가 있었다. 속상한 아이들의 마음에 집중해서 아이들의 입장이 돼 상상하며 내 입장에 일어날 수 있는 일이라고 생각하고 들어줬다. "선생님도 그 상황이라면 화났겠다", "속상했겠네"라고 아이들의 감정을 공감해줬다.

우리 마음 안에는 다양하고 많은 감정이 숨어 있다. 이 감정은 상황에 맞닥뜨렸을 때 그때그때 실시간으로 나타난다. 내 감정을 알지 못하면 우울하거나 두려운 감정도 화로 표현할 수 있다. 감정을 정리 없이 표현한다면 나도 내 주변의 사람들도 힘들어진다. 주변의 친구들과 힘들지 않게 협력놀이를 '내 감정이 어떤 상황인지'를 알아차리고, 다른 친구의 감정도 알아차릴 수 있어야 한다. 감정표현을 잘하려면 먼저 불편한 감정을 내뱉는 연습을 해야 한다. 말하기가 힘들다면 내 감정을 글쓰기로 표현하는 것도 좋은 방법이다.

자신이 궁지에 몰리면 남 탓을 하는 아이가 있다. 탓하기를 좋아하는 것이 아니라 자신이 궁지에 몰려 상황을 벗어나고 싶은 마음이 커서 자기 나름대로 상황에 대처하기 위한 수단이다. 남 탓 핑계로 에너지를 소모했다면 자신의 실수를 인정해 자기 성찰로 전환시켜줘야 한다. 남 탓이 아니라 내 행동을 돌아봐야 한다. 아이들은 남 탓의 관점을 내 관점으로 돌아보는 것을 어려워했다.

자존감이 높은 친구는 부정적인 영향을 덜 받거나 쉽게 극복한다. 자존감이 낮은 친구는 주위 친구들의 말과 행동에 자주 흔들리고, 상처도 많이 받았다. 사람은 부정적인 경험과 피드백이 많을수록 내 안에 내가 작아지고 부정적 자아상이 형성한다. 아이와 가깝게 지내는 양육자의 영향을 많이 받지만, 상처는 밖에서 많이 받는다.

화내지 않고 내 감정을 솔직하게 표현하는 아이는 자존감이 높다. 가까운 양육자에게 불편한 감정에 대한 수용을 받으면 자신이 인정받는 기분이 든다. 그리고 인정을 받으니 마음이 단단해져 양육자의 말을 받아들일 수 있는 마음의 여유를 확보한다.

자존감 낮은 아이가 감정을 붙잡지 못할 때 자리를 피하게 돕는다

협력놀이를 하다 보면 자기의 감정을 주체하지 못해 다른 사람에게까지 피해 주는 사례를 몇 번 봐왔다. 나는 이런 아이들을 잠시 쉬게 하면서 생각할 수 있게 도왔다.

한번은 스스로 감정을 잘 표현하지 못해 머릿속에서 하고 싶은 말들이 맴도는데, 말로 표현하지 못해 가슴앓이하는 아이를 봤다. 친구들이 아이의 말을 들어주지 않고, 아이는 감정표현이 서투르다 보니 오해받기 쉬운 상황이었다. 이럴 때 내가 아이들을 도울 방법은 잠시 멈추게 하는 것이다.

나 : 지금 ○○이는 생각대로 되지 않아서 화가 많이 났구나!
친구 : (고개를 끄덕인다.)
나 : 선생님도 예전에 그랬어. 화가 나는 건 당연한 거야!
친구 : (놀란 표정으로 나를 본다.)
나 : 이런 상황에서는 어떻게 하면 좋을까?

수업시간 항상 '생각 〉 말 〉 행동'을 이야기하며 수업했던 터라 친구는 생각이 필요하다고 인지했다.

나 : 기분이 괜찮아질 때까지 앉아서 쉬어볼까?

두 부류의 아이들이 있었다.

A 반응 : 괜찮아요, 한번 해볼게요!
B 반응 : 앉아서 쉴래요.

나 : (앉아서 쉬는 아이에게) 화가 난 마음이 진정이 되고 괜찮아지면 다시 해도 돼! 만약 어떻게 해야 할지 모르겠으면 선생님에게 도움을 요청해도 돼. 도와줄게.

화가 난 아이가 분리된 공간에서 혼자 씩씩거리다 보면 자신의 잘못이 보이기 시작한다. 협력놀이다 보니 한 명이 빠지면 다른 친구들은 그 친구의 공백을 크게 느낀다. 또한, 화가 난 친구의 감정을 다른 관점에서 볼 수 있다. 그러면서 화가 난 친구의 존재가 돋보이게 된다.

자존감이 높은 아이는 불편한 감정도 잘 표현한다. 어떻게 보면 자기중심적으로 세상을 살아가는 것처럼 보인다. 자기가 누려야 할 권리를 찾아 나선다. 이기적인 아이는 남을 배려하지 못하고, 자존감 높은 아이는 남을 배려할 수 있다. 불편한 감정을 처리할 때도 마찬가지다. 불편한 상황을 만들지 않고 분명한 자기 감정표현으로 듣는 친구는 이 친구가 지금 '화가 났구나, 불편하구나' 하면서 받아들이고, 상대의 감정을 알아차릴 수 있어서 불편한 관계를 만들지 않는다.

- 자신의 감정을 왜곡하지 않고 가볍게 그대로 드러낸다.
  → "네가 계속 잡아당겨서 내가 너무 힘들어. 힘을 좀 빼줬으면 좋겠어!"

• 불편한 감정에 대해 솔직하게 표현한다.

→ "나 너무 힘들어. 이건 네가 도와줬으면 좋겠어."

• 불편한 감정을 상대가 아닌 나로부터 찾는다.

→ "내가 먼저 행동해서 네가 불편했을 거 같아. 미안해."

아이들이 감정을 온전히 표현할 수 있고 책임을 질 수 있는 문화, 이것이 공동체 교육의 핵심이라는 것을 깨달았다. 아이들이 감정 뒤에 필요로 하는 욕구가 무엇인지 살펴보고 자신의 욕구를 상대에게 표현하는 아이로 성장시키기 위해 우리는 수용하는 자세가 필요하다.

PART 3

협력놀이로
자존감 높이는 방법

남과의 경쟁이 아닌 팀의 목표를 위한 목표설정을 하자

2021년에 열린 2020 도쿄올림픽에서 여자배구 국가대표 4강 신화를 끌어냈었다. 거기엔 대표팀 주장 김연경 선수의 서번트 리더십이 돋보였다. 서번트 리더십(servant leadership)이란 팀원에게 목표를 공유하고, 팀원들의 성장을 도모하면서 조직에 헌신하고, 리더와 팀원 사이의 신뢰를 형성해 궁극적으로 조직성과를 달성하게 하는 리더십이다. 김연경 선수는 실책으로 팀의 사기가 저하되면 팀원의 어깨를 다독이는 한편, 정확한 피드백을 전달하며 선수들의 멘탈이 흔들리지 않게끔 중심을 잡아줬고, 득점을 낼 때는 칭찬과 기쁨의 표현을 아끼지 않았다. 위기의 순간에서 집중이 필요할 때는 카리스마 넘치는 모습으로 분위기를 리드했고, 선수들 모두가 자신의 위치에서 기량을 온전히 발휘할 수 있도록 도와줬다.

아직 우리 사회는 경쟁을 부추기며 서로 경쟁하는 문화가 남아 있다. 저자는 협력놀이를 할 때 개별 경쟁보다는 팀 경쟁력을 높이기 위해 노력했다. 김연경 선수에 대해 질문을 하며 이야기를 나눴던 적도 있었다. 협력놀이의 목표는 이기는 것이 중요한 게 아니라, 다치지 않고 친구들과 서로 좋은 관계를 유지하며 즐거운 마음으로 재미있게 하는 것이라고 친구들에게 상기시켜줬다. 경쟁에 익숙한 아이들은 본능적으로 승부욕이 올라올 때가 있다. 그렇다고 해서 승부욕이 다 나쁜 것은 아니지만, 승부욕을 가졌다면 다른 친구에게까지 과욕을 부리면 안 된다고 이야기하고 싶다. 사람마다 가진 승부욕의 기질이 다르기 때문이다.

앞으로 미래가 원하는 아이의 역량은 서로 다름을 이해하며, 받아들이고, 공감해줄 수 있는 마음으로부터 시작한다. 서로 협력하기 위해 여러 문제를 직면하며 자기 통제력을 발달시키는 방식을 통해 협력을 배워나간다. 미래사회가 추구하는 근본적인 키워드는 협력이고, 협력을 기반으로 구축되는 것이 바로 의사소통 능력이다.

강점에 집중하기

인생은 선택의 연장선이다. 약점은 누구나 있음을 인정하자. 다만, 약점이 무엇인지는 정확히 파악하자. 이젠 강점혁명시대가 됐다. 내가 잘하지 못하는 일, 싫어하는 일보다 내가 좋아하고 잘하는 일을 선택해서 강점에 집중하는 시대다.

최대한 내 강점과 타인의 약점을 협력하며 보완해나간다. 상상력이 풍부한 사람은 비판력이 높고, 비판력이 낮은 사람은 상상력이 낮을 수 있다. 약점보다 강점이 모여야 협력놀이 참여가 효과적이다. 서로의 강점을 활용해 목표달성 효과를 높일 수 있었다. 아이가 목표를 달성하기 위해서는 협력하고 교류하면서 인적 자원을 최대한 활용해 결과를 만들 수 있어야 한다.

이는 아이들이 가진 재능만으로도 충분하다. 어떤 아이는 공을 잘 잡고, 어떤 아이는 컵 쌓기를 잘한다. 모두 다 잘하는 것이 다르고 서로 다름을 인정하고 받아들일 수 있도록 이야기해줬다.

(말 한마디의 힘)
"A 친구는 컵 쌓기를 잘하지만, B 친구는 달리기를 잘하네!"

내 한계를 뛰어넘을 수 있게 전략을 세우기

김연경 선수가 팀원들과 깊이 있는 신뢰를 쌓고, 탄탄한 조직력을 기반으로 조직을 이끌어나가는 모습에 저자는 감동을 받았다. 무조건 이기기 위함이 아니라 호흡을 맞추며 최고의 기량을 발휘하기 위해 격려하고 칭찬해줬기에 2020 도쿄올림픽 4강 신화, 배구 대표팀 주장 김연경 선수의 리더십이 빛났다. 한국 여자배구팀은 시합마다 서로 협동하며 실수했을 때 격려와 잘했을 때의 칭찬만으로도 전략을 세우고 한계를 뛰어넘을 수 있었다고 본다.

전략을 세우지 않고 타인과 경쟁을 하게 되면, 부정적으로 비교하게 되고 팀의 생산성을 저하시킨다. 전략을 세울 때 서로 의견이 맞지 않아 다투기도 하고 다투면서 서로 이견을 조율해나간다. 해결할 방법을 알려주되 관계가 심각하지 않으면 아이들이 해결할 수 있게 기다려준다.

해결방법을 당장 알려주면 실수는 줄일 수 있지만, 아이들이 직접 전략을 세우고, 해낼 수 있도록 능력을 키워주면, 해결됐을 때 아이들의 성취감과 자존감은 높아진다. 따라서 다양한 생각으로 일어날 수 있는 일들을 예측해보고, 전략을 세워 실수를 줄이며, 아이들이 옳은 결정을 할 수 있도록 도와야 한다.

가정 내에서도 협동이 필요하다. 세 자녀를 키우면서도 이 방법을 적용하고 있다. 아이가 학교에 지각하지 않으려면 가족의 협동이 필요하다. 꼭 아이가 등원하는 시간에 누군가 화장실에 들어가 있으면 마음이 조마조마해질 때도 있다.

우린 둘째 아이가 아침잠이 많다. 늦게 일어나 매일 아침 동분서주하고, 아침밥도 허겁지겁 먹고 가기라도 하면 다행이다. 너무 늦어 밥도 못 먹고 가는 날이면 속상할 때가 많다. 학교에 지각도 몇 번 했었다. 행동이 느려서 속이 터질 때가 한두 번이 아니다.

"어떻게 하면 아침에 일찍 일어나고 학교에 늦지 않을 수 있을까?"

이렇게 질문하면 아이는 스스로 전략을 세운다.

"밤에 미리 책가방을 챙겨야 해!"

"입을 옷을 미리 꺼내 놓아야 해!"

"아침에 순서를 정해서 움직여야 해!"

"밤에 일찍 자야 해!"

이 방법 저 방법을 써보며 아이는 자신에게 맞는 루틴을 찾아간다. 나는 옆에서 맞장구를 쳐준다.

"좋은 방법이야. 내일 그렇게 해보자!"

아이가 지각한다고 세상이 거꾸로 바뀌는 것도 아니다. 아이가 생각하고 전략을 세우는 것도 습관을 만드는 일이다. 그러므로 아이 스스로 할 수 있는 일이 점점 많아진다.

저자는 협력놀이에서 하는 방법을 최대한 힌트를 주지 않으려고 했고, 친구들끼리 소통하고 정보를 교환하며 전략을 세울 수 있게 도왔다. 전략을 세우지 않으면 한계가 왔을 때 쉽게 포기한다. 친구들과 충분한 소통으로 목적을 달성하기 위해 무엇이 필요한지 알고, 친구의 가치를 발견하는 능력이 필요하다. 문제해결을 하기 위해 친구들과 대화하며, 친하지 않은 친구의 새로운 가치를 발견하고 친해지는 경우도 있었다. 혼자서 할 수 없는 미션을 타인들과 함께 생각하고 공유하는 협력놀이가 됐다. 협력놀이를 통해 어떻게

할 것인지 전략을 세우고 친구들과 소통하는 과정에서 관계가 발전
돼 또 다른 새로운 목표를 만들어갈 수 있었다. 이 과정에서 내가
잘하는 것과 친구들이 잘하는 것을 발견해 인정하게 됐다. 상대가
인정하므로 자존감이 높아짐을 알 수 있었다.

(말 한마디의 힘)
"너, 이거 진짜 잘한다."

내 생각과 친구의 생각이 만나 새로운 생각을 만들며 감정을 교류한다

실리콘밸리 혁신가들은 함께 일하진 않지만 간단하게 차를 마시
고, 식사를 하면서 최근 관심사와 몰입하고 있는 일 등 사적인 대화
를 많이 나눈다. 이 과정에서 새로운 생각을 얻고, 서로의 혁신을
돕는다. 이렇듯 내 생각과 친구들의 생각이 더해져 새로운 생각이
모여 또 다른 놀이가 생겨나기도 한다. 40분 동안 수업을 진행하면
서 시간이 짧아 아이들의 기발한 생각을 다 받아들이지는 못했지
만, 그 생각을 최대한 바로 적용해보려고 노력했다. 친구들의 생각
을 적용해서 새로운 방법으로 도전해보라고 응원했다. 그러니 자기
효능감도 높아짐을 볼 수 있었다.

감정교류가 이뤄졌다면, 조심해야 할 목표가 있다. 첫째로 목표가 없는 것과 둘째로 막연한 목표다. 목표가 정해졌다면, '개수를 정할 건지, 시간으로 할 건지' 목표를 설정해주면 목표달성을 위해 의지를 불태운다. 협력놀이의 목표는 친구들의 감정을 숨김없이 표현하고 친구들과 관계 형성에 도움을 줄 수 있는 긍정적으로 말하기 연습이었다. 내 감정을 받아들이고 말하고 친구들의 감정을 공감해주고 표현하고 순환의 연속이었지만 팀의 경쟁력을 키우는 기본조건이다. 그래야 친구들과 문제에 직면했을 때 다른 사람과 융통성 있게 잘 해결해나갈 수 있다.

친구들의 마음을 수용해줄 수 있는 목표를 세우는 것은 '할 수 있다'는 자존감에서 출발한다. 목표를 세우지 못하는 아이는 계획을 해도 이루기 힘들다는 생각으로 미리 포기한다. 노력조차 하지 않고 포기하는 모습을 볼 수 있었다. 자신감은 자존감과 연결돼 있다.

팀의 경쟁력을 높이기 위한 핵심동력은 설정된 목표다. 빠른 팀 미션 성공을 위해 친구들과 집중하고 몰입한다. 그러므로 의견을 모아 목표를 세우고 새롭게 도전해야 한다. 실패와 실수 속에서 관계를 만들어가는 과정과 서로가 힘이 되는 존재로 동기부여를 배워간다. 협력놀이는 긍정적인 관계를 유도해 타인이 나를 인정해주므로 자존감을 높일 수 있는 방법이다.

결과보다 함께 해낸 과정을
서로 칭찬하자

자존감은 자신을 진정으로 소중하게 여기는 태도다. 칭찬은 상대의 행동을 변화시키는 가장 강력한 수단이다. 사람의 마음을 단단하게 해주고 긍정적인 행동을 끌어올려 주는 칭찬이 있고, 오히려 부담을 느껴 자존감이 낮아지는 칭찬이 있다. 칭찬에도 무조건적인 칭찬은 독이 돼 아이를 무력하게 만들기도 한다. 너무 인색한 칭찬은 아이가 칭찬을 갈구하게 되며 마음의 상처를 입기도 한다. 너무 많은 칭찬은 겸손함을 잃게 한다. 아직 익숙하지 않은 아이들은 우쭐거리는 자세도 보였다.

저자는 수업 중 너무 과하지도 않고, 너무 약하지도 않게 아이들의 장점을 끄집어낼 수 있도록 도와주려고 했다. 주의했던 것은 목적에 칭찬하지 않으려 애썼고, 과정에서 일어나는 사소한 행동교정에 도움을 줄 칭찬을 생각하며, 수업 중에는 과정에 대한 칭찬을 신경 써서 많이 했다.

수업이 끝나 시간이 조금 여유가 있으면 도움을 줬던 친구를 칭찬하고 고마움을 표현하는 시간을 갖기도 했다. 친구에게 손들고 자유롭게 이야기하도록 해줬다. 행동지향적인 아이들이 있고, 소극적으로 참여하는 친구가 있다. 행동이 과한 친구의 내면을 들여다보면 처음부터 자존감이 낮은 아이들이 아니지만, 친구들의 비난을 받기도 하고, 주변 사람들에게 행동을 지적받아서 자존감이 낮아지는 경우가 있다. 그러면서 더 인정받고 싶은 욕구가 숨어 있다.

뇌에서 보내는 신호보다 신체의 반응이 빠른 아이가 있다. 지적을 받으면 받을수록 엇나가는 행동을 보이기도 하고, 행동이 제어되지 않는다. 그리고 인정받고 싶은 욕구가 있고, 인정받기 위해 열심히 하는 아이는 칭찬으로 잠재울 수 있다. 인정의 욕구가 있고, 행동제어가 되지 않는 친구들이 있다면 과정을 이용해 행동을 수정할 수 있도록 칭찬을 적절하게 사용해야 한다.

협력놀이 과정에서 친구들과 제일 많이 다툼이 일어나는 스타일의 아이가 있다. 이 친구는 처음에는 친구들의 지적으로 의기소침해지려고 했다가 칭찬과 격려로 좋은 방향으로 행동을 바꿀 수 있었다. 그리고 친구들에게 부정적인 피드백을 받을 때마다 점점 작아지는 모습을 보였다. 이때는 주위 친구들의 바라보는 시선을 환기시켜 줄 필요가 있다. 아이가 그전에 보여줬던 행동이 불편했기 때문에 친구들은 그 아이와 함께 있으면 불편하다고 느낀다. 처음에는 잘하다 순간적인 위기에는 행동으로 불쑥 튀어나올 때가 있다. 친구들은 이 아이의 행동이 버겁기만 하다. 이미 머릿속에는 이 아이의 행동에 대한 불신만 가득 차 있다.

"야, 똑바로 해!", "뭐하는 거야?", "왜 장난해?"

이 친구는 새삼 억울하다. 정말 열심히 참여하고 있는데 장난한다고 생각하니 억울할 수밖에 없다. 그래서 먼저 실수했을 때 격려의 말을 많이 사용하게 했다.

"괜찮아, 그럴 수 있어."

저자는 아이들에게 "실수를 하며 실수를 줄여가는 것이다"라는 말을 자주해줬다. 먼저 행동이 제어가 잘되지 않지만 숨어 있는 행동에 대해 친구들 앞에서 이야기를 해주며, 친구들의 시선을 환기시켜줘야 한다.

"어떻게 하면 좋을까?"라고 묻자 상대가 잘못했던 말과 행동에 대해 이야기했다.

"어떻게 하면 조금 더 나아질 수 있을까?"라고 물으면서 "몰라요"라고 말하는 아이들에게 수시로 질문하며 스스로 생각하고 행동으로 이행할 수 있게 도움을 줬다. 전보다 손톱만큼 좋아졌다 하더라도 노력하는 행동이 보였다면 즉각적으로 칭찬해주려고 노력했다. "이 친구는 행동이 진짜 빠르다. 그런데 혼자서 마음대로 하고 싶은데, 친구들이랑 맞춰서 천천히 하려고 노력하는 거 보니 선생님이 너무 뿌듯하다", "노력해줘서 고마워"라는 말과 함께 엄지 척을 해줬다.

행동이 빠른 친구는 대부분 비슷한 마음이다. 마음대로, 혼자 하고 싶어 한다. 아이들과 함께하는 놀이에서는 부정적인 피드백을 받았던 터라 함께하는 즐거움을 모르던 아이들이다. 하지만 친구들의 긍정적인 피드백을 받으면서 아이들은 빨리하지 않으려고 노력했다. 함께하는 친구들은 '이 아이가 우리를 열심히 맞춰주었던 거구나'라고 행동 지향적인 아이를 바라보는 생각이 바뀌면서 친구에게 대하는 말과 행동도 바뀌었다.

행동 지향적인 아이는 노력하면서 인정받으며 수업을 만들어갔다. 그리고 수업하면 할수록 다른 친구들과 맞춰주려 노력했고, 같은 조의 친구들은 이 친구가 노력하는 모습을 알고 있었다. 서로 맞춰나가는 모습을 보고 이것이야말로 협력놀이라는 생각이 들어서 매우 뿌듯했다.

실수했을 때 "괜찮아"라는 말로 아이들의 불안한 심리를 낮출 수 있었고, 불안한 마음을 낮추니 실수해도 목표했던 것보다는 관계가 나아지고 있었다. 긍정적인 피드백으로 아이들의 말투나 행동을 긍정적으로 만들어줄 수 있음을 다시 한번 느꼈다. 행동을 긍정적으로 이끌어가는 방법은 칭찬만큼 좋은 건 없었다.

아이의 말과 행동을 칭찬하려면, 평소에 아이의 말과 행동을 관찰하면서 조금 더 나아지고 있는 점을 마음속에 두지 말고 하나씩 꺼내 표현해보자. 자아가 생길 수 있도록 칭찬으로 만들어주자.

칭찬을 많이 해주면 해줄수록 긍정적인 방향으로 잘 흘러갈 수 있다. 어떤 사람은 가뭄에 콩 나듯 칭찬거리를 찾기 힘들다고 이야기한다. '왜 그럴까?'라고 한 번쯤 생각해봐야 한다. 칭찬은 아이가 잘했을 때 해야 한다고 생각한다. 내가 정해놓은 칭찬의 틀에 아이를 넣고 바라본다. 부모가 만들어놓은 칭찬의 틀에 넣어 칭찬하려고 하면 하루에 한 번 칭찬하기도 어렵다. 칭찬할 거리를 만들기 위해서는 바라보는 시선을 부모의 입장이 아니라 아이가 바라보는 세상으로 칭찬의 관점을 바꿔봐야 한다.

아이가 어제 밥을 많이 흘리고 먹었다고 가정해보겠다. 오늘은 어제보다 비슷하게 흘려도 "어제보다 수저질할 때 집중해서 잘하는구나!"라고 착한 거짓말을 해야 한다. 착한 거짓말을 할 때 주의할 건 결과를 칭찬하는 것이 아니라 아이가 현재 노력하고 있는 과정으로 긍정적 행동을 이끌어 올릴 수 있는 칭찬을 해야 한다. 너무 허무맹랑한 칭찬이라고 느꼈을 때, 티가 나는 거짓말로 칭찬하면 오히려 신뢰를 잃을 수 있다.

주변 환경 및 주변 사람들과 비교하면 아이의 자존심도 상할 수 있다. 훈육하게 된다면 조용한 공간에서 다른 사람의 시선을 피해 조용히 이야기하길 바란다.

너무 소극적인 아이들도 마찬가지다. 소극적인 아이들은 자신이 실수했을 때 스스로 '내가 그렇지 뭐!' 하며 이미 습관이 돼 할 수 없는 말을 하기도 하고, '내가 잘할 수 있을까?' 하면서 자신에 대한 확신을 갖지 못한다. 남들의 평가를 받아들이는 것을 두려워하기 때문에 실수했으면 노력하는 말과 행동에 대해 용기를 북돋워주는 말로 인정을 줄 수 있어야 한다. "어제보다 조금씩 나아지고 있어!" 라고 말해주면서 안심을 시켜 볼 수 있다. 이런 아이들에게는 실수도 마음껏 해보고, 경험으로 '별거 아니었네'라는 마음을 가질 수 있도록 도와줘야 한다. 잘할 수 있는 일을 찾아주고, 더 잘할 수 있도록 긍정적인 피드백을 줌으로써 소극적인 아이들이 해보지도 않고 '어차피 못하는 거' 하며 포기했던 마음을 세울 수 있도록 도와 줘야 한다.

다른 아이들이 더 잘할 수 있는 일이 있더라도 타인과 비교는 독이 된다. 소극적인 아이의 성장 속도에 맞춰주니 어제보다 조금 더 나아진 방향으로 자신감이 생기면서 적극적으로 놀이에 집중하며 표정이 밝아진 아이들도 있었다. 할 수 있는 일이 생기면서 주변 친구들에게 인정을 받으니 자존감도 높아졌다. 조금 더 연습은 필요하겠지만 그만큼 칭찬은 중요한 도구다.

첫째 아이는 무엇이든 완벽하게 하고 싶어 한다. 운동, 미술, 글쓰기…. 그런데 실수했을 때 힘들어한다. 저자는 '엄마도 실수할 수 있어' 하면서 일부러 실수할 때도 있고, 평소에도 덤벙거리고 실수를 자주 하는 엄마의 모습으로 긴장감을 낮추려 노력하고 있다. 둘째 아이는 등교를 시키면서 최악의 아침이 될 때도 있다. 아침잠이 많고, 행동이 너무 느리기 때문이다. 시간의 강박이 있는 것을 이 아이를 키우면서 알게 됐다. 스스로 할 수 있는 일이 점점 많아졌지만 다른 사람들처럼 빠르게 준비할 수가 없다.

"오늘도 지각이야!"

"어떻게 해야 할까?"

아이는 일찍 자고 일찍 일어나는 것을 알고 있다. 하나하나 행동을 수정하며 속은 터지지만, 아이가 노력하는 모습을 보며 칭찬하려고 노력한다. 오늘도 지각했지만 동생이 장난을 쳐서 준비를 못하고 있었던 상황에서도 동생에게 친절하게 이야기해줬던 점을 칭찬해주면서 조금 더 서둘러보자고 이야기를 나눴다.

칭찬할 때는 진정성이 있어야 한다. 건성건성 칭찬할 때 오히려 독이 돼 관계가 더 어긋날 수 있다. 상대방도 진실한 칭찬을 알고 있다. 칭찬은 결과에 집중하는 것이 아니라 과정에서 일어나는 소소한 생각, 말, 행동에 숨어 있다. 양육자는 아이들의 행동을 잘 살펴보고 어제보다 나아진 오늘의 말과 행동에 집중하며, 과정을 칭찬해주자.

친구가 실패할 때 도전하는 모습을 격려하자

4차 산업 시대를 대비하기 위해서는 협력과 도전정신, 기업가정신을 기를 필요가 있다. 지금까지의 지식전달 중심의 교수학습은 문제해결을 위한 협력학습 형태로 바뀌어야 한다.

카이스트(KAIST, 한국과학기술원)는 과학고, 영재고 출신인 학생들이라면 선망의 학교로 꼽는다. 초중고 시절에는 학교와 부모의 기대를 한 몸에 받는 존재였다면, 이곳에선 뛰어난 학생들이 한 집단에 모여 경쟁을 한다. 난생처음으로 경쟁에서 뒤처지거나 실패를 맛본다. 문제는 실패를 경험한 적이 별로 없는 아이들은 이런 상황을 참고 견디며 극복하는 힘이 부족하다는 것이다. 이 학생들은 성취욕으로 어릴 때부터 남다르게 노력을 기울이고 학업만큼은 실패해본 경험이 적다. 그래서 실패의 경험을 하게 되면 면역력에 빨간불이

들어온다.

남들이 잘한다고 나도 똑같이 잘할 필요가 없다. 실패했다면 마음은 괴롭지만, 실패를 성장의 기회로 받아들이고 성장해 나아가야 한다. 인생을 살면서 늘 성공의 길만 가는 사람은 없다. 과거의 실패로 어떻게 무엇을 배우고 실패에 어떻게 대응해야 하는지, 내면의 힘인 자존감을 높이기 위해 실패의 경험을 어떻게 함께 이겨내는지, 협력놀이로 친구들과 실패를 딛고 어떻게 함께 일어나야 하는지, 실패했을 때 도전하는 모습을 격려한다면 내면의 힘이 단단해져 힘든 경험을 이겨낼 수 있다.

사람마다 잘하는 일과 아직 서투른 일이 모두 다르다

아이들마다 잘하는 일이 다르다. 사람마다 모든 것을 잘할 수는 없다. 익숙하지 않은 일이 있다면 비난이 아니라 격려를 해줘야 한다. 누군가 못한다고 비웃거나 놀리면 더 위축될 수 있다.

초등학교 3학년 1학기 6회 수업이 끝나고, 2학기 2회 차 수업 때의 일이다. 파이프 릴레이를 하는데 친구들은 파이프를 한 개씩 갖고 서로 연결을 한다. 파이프 위에 탁구공을 놓고 서로 연결이 된 파이프 위에 공을 굴려 목표물에 골인하면 된다. 수업하면서 "똑바로 못해!", "너 때문이야"라는 말을 제일 많이 들었다. 열심히 하는 친구가 이런 말을 들으면 하고 싶지 않은 마음이 드는 건 당연한 일이다. 내가 잘하는 일과 서투른 일, 친구가 잘하는 일과 아직 서투른 일이 있다. 모두 잘해낼 수만은 없다.

저자는 이런 말을 하는 친구들에게 "사람마다 잘하는 게 다르고, 아직 익숙하지 않아서 그런 거야!", "잘하지는 못해도 열심히 해보는 게 중요한 거야!", "서로 못하는 일은 받아들이고, 잘하는 일에 집중해보자!"라고 동기부여를 해주려고 애썼다. 격려의 말을 해주니 아이들이 달라졌다. "괜찮아", "다시 해보자!"라는 말에 실패를 줄이고 아이들의 자존감은 높아졌고 서로에 대해 알아가기 시작했다.

왜 실패했을까에 대해 고민해야 한다

우린 상대가 실패했을 때 어떻게 대처하며 살아왔을까? 대부분 실수했다면 기다렸다는 듯이 비난이 여기저기서 쏟아진다. 내가 그렇게 욕먹을 말과 행동을 했나 싶기도 하고 억울하기도 했을 것이다. 이럴 땐 혼자 놀고 싶은 마음이 간절하게 들었을 때도 있다. 협력놀이는 문제가 있으면 몸도 마음도 함께 힘을 조절하고 소통하며 맞춰가는 놀이다. 그래서 최대의 팀 경쟁력을 끌어올리는 것을 목적으로 둔다.

우린 실수하며 살아간다. 해보지 않았던 일들을 처음부터 잘하는 사람은 아무도 없다. 호흡이 잘 맞을 땐 정말 재미있고, 또 하고 싶은 생각도 든다. 팬데믹 이후 개별적으로 분리되었던 아이들에게 공동체 생활은 쉽지 않았다. 몸과 마음도 함께 협력놀이로 맞춰가는 일은 아이들에게 어려운 일이었다.

미국 뉴욕시 소재 뉴욕장로교-모건 스탠리 아동병원 연구진은 최근 7년간 아이들의 근육 발달과 시각, 언어 능력을 꾸준히 검사해왔다. 팬데믹 이후 아이들이 시험 문제를 푸는 시간이 눈에 띄게 길어졌고, 팬데믹 이후에 태어난 유아들이 근육량 등 신체 능력과 언어 등 소통 능력이 이전에 비해 뒤떨어진다는 사실을 확인했다. 유아 대상이긴 하지만 저자는 같은 맥락이라고 본다. 학교가 멈춤으로 성장도 멈췄기 때문에 저자는 사명감으로 최선을 다해 아이들 간의 대화를 최대한 많이 끌어내려고 노력했다.

잘해내지 못해도 잘하려고 노력하는 모습으로 성장한다

혼자 하고 싶은 마음이 수십 번 들 수도 있다. 우리는 분위기를 어떻게 이끌어가야 하는지에 대해 고민해야 한다. 친구가 실패를 거듭한다면 실수한 친구는 쥐구멍에라도 들어가고 싶은 심정일 것이다. 이럴 때 실패하지 않은 친구들이 "괜찮아, 그럴 수 있어!" 한

마디를 해준다면 실패한 친구는 놀이에 더 집중할 수 있게 된다.

실패한 친구는 '왜 실패했을까?' 생각해보고 친구들과 비판적 사고를 갖고 문제를 해결해 나아가야 한다. 실수나 실패를 했다면 '실수는 누구나 하는 행동이고 우린 이 행동을 하면서 실수를 줄여나가는 것'에 포인트를 잡고 나아가야 한다. 그럴 때 격려의 말과 실수를 줄이기 위해 어떻게 해야 하는지에 대해 고민해야 한다.

잘해내지 못했을 때 비난한다면 이 아이는 설 자리가 없어진다. 실수했을 때 우린 다시 일어설 수 있는 긍정적인 말 문화를 만들어야 한다. 그러면 격려를 받고 도전하는 모습으로 성장해나갈 수 있다. 아이들이 실수했을 때 실수한 아이는 인정하고 실수하지 않으려면 어떻게 해야 하는지 고민을 해봐야 한다. 무엇 때문에 실수했는지, 무엇을 했으면 더 좋았는지, 같은 실수를 하지 않으려면 어떻게 하면 좋은지 생각해봐야 한다.

실패할 때 답을 알려주지 않지만, 격려해준다

수업시간에 방법은 알려주지만, 답을 알려주지 않는다. 아이들에게 답을 알려주는 순간, 아이들의 소통 도구를 뺏는 것과 같다고 생각한다. 문제를 해결하기 위해 우린 대화하며 문제점을 조율해 나가는 방법을 배워야 한다. 아이들이 나누는 대화는 생산성 있는 대화여야 한다. 수업시간에 많은 좌절을 느끼고 멘탈이 금방 무너지는 아이들을 많이 봤다. 실패했을 때 많은 지지와 응원을 받지 못했고 성취감을 많이 느껴보지 않은 아이들이어서 안타까웠다. 실수한 친구에게 거침없이 말하는 친구들이 있었다. 그런 친구에게는 특효약 질문이 들어간다.

"실패한 아이들은 기분이 어떨까?"

"실수하면 기분이 어때?"

실수한 친구가 돼 실수한 친구의 기분이 돼본다. 누구나 실수를 하지만 실수를 줄여가는 것이 중요하다. 오늘 성공을 못 해도 친구들과 함께 이 과정을 즐기고 있는 자체가 중요하다. 문제는 소통해야 해결할 수 있다. 실패나 실수에 위축돼 오히려 더 짜증을 내고 실수가 민망해 오버액션을 보이는 친구들도 있었다. 하지만 이런 아이들의 마음은 한가지다. '친구들에게 미안한 마음'을 말로 표현하기가 멋쩍어 행동으로 표현하며 자기방어에 들어간다.

실패했거나 실수했더라도 격려할 수 있는 마음이 필요하다. 누구나 처음부터 잘할 순 없다. 격려의 말 한마디로 실수한 친구는 안심할 수 있고, 실패했다고 끝이 아니라 새로운 방법을 찾고 성공할 수 있는 길로 나아간다. 저자는 세 아이를 키우면서 실패를 성장의 도구로 삼았다.

우리는 처음부터 잘 걷지 못한다. 둘째 아이는 남들보다 많이 넘어지며, 36개월 때 첫걸음을 어렵게 떼었다. 하루에도 몇십 번씩 실패하니까 무섭다고 걷지 않겠다면서 울며 떼쓰고, 모든 면에서 극도로 예민한 아이였다. 수많은 실패를 겪으며 저자는 아이 옆에서 "할 수 있어", "잡아줄게 해봐!"라고 말했지만, 잡아주는 척하며 아이에게 안심만 시켜줬다. 하지만 이제는 격려와 응원으로 이 아이는 두려움을 뛰어넘고 새로운 삶을 살고 있다. 어릴 때 실패해보고, 작은 실패도 해보면서 내면의 힘을 키워야 한다.

협력놀이에서 생산성 있는 대화는 함께 답을 찾아가는 것이다. 아이들과 함께 있다 보면 답을 알려달라고 하는 아이들이 있다. 대부분 인내가 부족하고, 생각하는 일을 싫어했다. 모든 문제를 빨리 끝내야 하는 아이들이었다. 이런 아이일수록 답을 알려 주기보다 격려와 응원을 보내며 재미있게 할 수 있도록 동기부여가 필요하다. 친구가 실패했다면 격려하며 도와줘야 하는 사항은 필수다.

수업이 끝나갈 무렵 수업 횟수에 따라 아이들이 성장하는 모습은 달랐지만, 변화는 있었다. 친구들이 실수했을 때 분위기를 바꿔줄 수 있었다. 마지막 날 피드백이 아직도 귓가에 들린다. 한국행동교육훈련단 부대표로 저자는 아이들이 행복한 아이로 어울려 지낼 수 있도록 책임감이 들었다. 좀 더 확실하게 메시지를 전달할 수 있는 협력놀이를 연구하고 있다.

"처음엔 친구들이랑 의견이 부딪혀서 많이 싸웠는데 이젠 싸우지 않게 됐다."

행동이 먼저 나가는 친구의 말 한마디에서 나는 또 책임감으로 해야 할 일을 찾게 됐다. 아이들의 소통, 살아가면서 사람과 사람의 관계 소통을 파이프 연결처럼 끊임없이 연결할 것이다. 실패는 성공으로 가는 길이다. 실수와 실패를 했을 때 무엇을 느끼고, 배웠는지가 중요하다. 자존감을 높이기 위해 실수했을 때 다시 도전하는 모습에 박수를 보내줘야 한다.

답을 알려주지 않되
긍정의 말 그릇을 키워주자

초등학교 2학년 아이들과 7번째 수업에서 나는 '서로 더불어'라는 주제로 홀라후프 풍선 치기 협동 놀이를 했다. 이날은 '친구들이 몰래 카메라를 찍나?' 싶을 정도로 아이들 모두 짠 것처럼 부정적인 말을 하고, 행동이 거칠었던 날로 기억한다. 속닥속닥 귓속말해서 기분이 나빴고, 친구가 내 말을 듣지 않아 씩씩거리고, 규칙을 잘 지키지 않아서 힘들다는 친구들의 이유를 분석해봤다. 아이들은 모두 풍선을 좋아한다. 풍선 치기를 하는데 순서를 정하지 않고 아이들은 다른 친구들보다 조금 더 많이 치고 싶었다. 좀 더 지혜로운 방법은 없었을까?

유대인 격언에 '좋은 질문은 좋은 답보다 낫다'라는 말이 있다. 유대인 교육법에서 질문은 매우 중요하다는 것을 알 수 있다. 저자는 아이들의 엉뚱한 질문에도, 엉뚱한 대답에도 구박하지 않고, 꾸짖지 않으면서 아이의 상상력을 단절시키지 않으려고 노력했다. 오히려 풍부한 상상력을 표현한 용기에 칭찬을 해줬다.

40분이라는 시간이 짧아 이야기를 다 못 들어서 아쉬움이 남았던 날이다. 답을 알려주지 않지만 질문으로 말 그릇을 키워 서로 소통할 수 있는 대화로 이끌었다. 말 그릇은 서로 의견을 주고받으며 '말'이 아닌 관계를 원만하게 발전시킬 수 있는 '건강한 대화'를 할 수 있게 도움을 주는 말이다.

수업 중에 "어떻게 하면 안 싸울까?" 하고 질문하니 "순서를 정해요"라는 친구들의 말에 순서를 정해서 해보기로 했다. 풍선이라는 게 손과 눈이 협응력을 갖고 손에 강약 조절을 해야 친구에게 잘 전달할 수 있다. 아이들은 목표와 다르게 더 높게 올렸다. 아이가 하는 대로 따라갔다.

그 후에 상황은 어땠을까? 가관이 아니었지만 저자는 그런 아이들이 사랑스러웠다. 아이들의 말은 어떠했을까? "야, 너 때문이잖아!", "살살 쳐!" 그다음 친구들에게 전달할 때 배려가 없는 모습을 볼 수 있었다. 수업이 끝나도 기분이 풀리지 않아 씩씩거리는 친구들이 있었다. 감정이 정리되지 않았던 친구들이다. 나 혼자 많이 못 한 거 갖고, 억울한 게 많았던 아이들이다.

놀이라고 해서 무조건 즐거움만 있었던 건 아니다. 소통이 이뤄지지 않으면 협력놀이는 극기 훈련이 된다. 저자는 삼남매를 키우면서 문제가 생길 때 기회라고 생각했던 것처럼 문제가 벌어지면 교훈을 줄 기회로 생각했다. 저자는 문제가 생겼을 때 친구들과 원만한 관계를 만들 방법을 찾아주고자 했기 때문에, 싸움은 회피하는 것이 아니라 솔직한 감정을 드러내는 것이라고 항상 강조했다. 무엇 때문에 화가 났는지 내 마음을 살피고 실제 상황에서 문제를 해결할 수 있는 말 그릇을 키워주고 싶었다.

말의 원리는 단맛은 달게 돌아오고, 쓴맛은 쓰게 돌아온다. 말 그릇을 키워 대화의 본질이 일방통행이 아닌 쌍방통행으로 이뤄질 수 있게 관계에 윤활제가 돼야 한다. 우리는 마음의 감정을 표현하려고 말의 힘을 빌리기도 하고, 말은 감정을 대신 이야기할 수 있을 뿐만 아니라 행동을 만들어냈다. 말은 행동을 통해 우리 삶의 행적을 끌어낸다. 말 한마디에 자신의 감정상태가 다른 이들의 감정상태까지 전염되는 것을 볼 수 있었다.

'내가 말하지 않아도 상대가 나를 이해하고 있겠지' 하지만, 자신만의 생각으로 말하지 않았다면, 상대는 내 생각과 의도를 알아채지 못하기 때문에 적절한 주장을 하지 못하면 오해가 생길 수 있다.

첫째, 말 그릇은 연습이다.

우리는 원하지 않아도 새로운 환경, 새로운 사람을 늘 만날 수밖에 없다. 이럴 때 대부분 지금까지 사용해왔던 방식으로 말을 하고 대화를 시도한다. 아이들이 친구를 만날 때 말을 하지 못한다면 연습을 시켜서라도 감정을 표현해야 한다고 강조하고 싶다. 나는 아이들에게 다른 어른과 말하듯 대화놀이를 한다. 친구들과 처음 만남에서 침묵이 흐를 때 내가 좋아하고 싫어하는 것들을 나 중심적으로 이야기해보고 상대도 이야기하면 맞장구를 쳐주는 연습을 한다. 친구들과 하는 연습보다 편안한 가족과 하는 것이 실수에 대한 압박을 줄일 수 있다.

내면이 단단하지 못한 아이는 거절에 많은 어려움을 겪는 것을 수업시간에 자주 본다. 그래서 수업시간에 "자신의 마음을 표현하라. 표현하지 않으면 상대는 모른다!"라고 이야기하며, 자신이 처해 있는 어려움을 말할 수 있게 도움을 줬다.

협력놀이를 하다 보면 아이들이 불편한 감정을 느끼는 순간 어릴 적 양육자와의 불안정 애착으로 불안 애착이 불쑥 튀어나오게 된다. 거절을 민감하게 받아들이거나 말로 표현하는 소통수단에 어려움 있다.

수업 중 사례 해결방법

몸과 마음이 즐거워야 소통이 이뤄진다. A라는 친구는 신나게 참여한다. B라는 친구는 표정이 좋지 않지만, 말없이 그냥 맞춰주기만 한다. 친구를 맞춰주는 일은 내 존재가 없는 것과 같다고 이야기하고 싶다. B라는 친구도 충분히 가치 있는 아이지만 자기 자신이 가치 있는 사람이라는 것을 모른다는 게 안타까웠다.

B 친구는 문제를 해결할 방법이 아니라 참는 것을 택했다. 친구와 맞춰주는 게 힘들다면 솔직하게 내가 느끼는 현재 감정을 명확하게 이야기하고 앞으로 어떻게 해줬으면 좋겠는지 질문을 바꿔 이야기하는 연습을 해보자!

A 친구의 행동 + 내 마음 상태 + 질문 요구사항(개선 요청)
→ 친구야, 네가 자꾸 뛰니까 + 내가 너무 힘들어 + 걸어서 천천히 전달해줄래?

첫째, 친구와 나의 의견이 맞지 않는다면, 생각을 말로 나눌 수 있는 질문으로 원만하게 해결할 수 있었다. 더 나아가 친구와 내 의견이 맞지 않거나 행동을 도저히 참을 수 없다면, "왜 그렇게 생각해?", "왜 그렇게 행동했지?"라고 질문했다. 서로 감정이 좋지 않다면 "잠시 쉬었다 해볼까?" 제안하면 대부분 놀이에 빨리 참여하고 싶어 문제해결을 원만하게 할 수 있었다. 만약 힘들다면 잠시 감정이 괜찮아질 때까지 휴식을 취하라고 권하기도 했다. 아이의 감정에 우선순위를 정했다.

차라리 수업시간에 아이들이 감정을 드러내며 언성을 높이면 개념교육을 통해 사이좋게 지내는 방법을 가르칠 수 있었다. 때론 싸우기도 해야 친구들과 문제를 해결할 방법도 배운다. 내 감정이 상했다면 전달하고자 하는 내용을 질문을 만들어서 말하는 연습을 해보자고 제안을 했다. 아이들은 처음엔 표현하는 방법이 어려워서 입을 다물기도 했다. 말하는 방법, 즉 말 그릇을 키워야 원만한 관계로 서로 오해 없이 자존감을 높일 수 있다.

둘째, 친해졌더라도 서로의 마음을 이해하고 알아가기 위한 대화가 필요하다.

수업 중 친해졌다고 생각해 긴장을 너무 놓으면 본성이 나온다. 친할수록 매너를 지켜야 한다. 발표할 때 또박또박 말을 잘하지만 소통하는 대화에서는 직설적으로 말하기도 하고, 상처를 주거나, 자신의 이야기만 하는 경우는 대화라고 볼 수 없다. 한마디로 말을 잘한다고 대화를 잘할 수 있는 건 아니다. 대화는 '소리'만 오고 가는 것이 아니라 다른 사람과 서로 감정을 나누는 것이다. 전보다 긴장을 서서히 풀면서 이야기하면 서로 조금 더 친해질 수 있다.

꼭 지켜야 할 우정의 규칙

㉠ 서로 믿을 수 있는 친구가 돼주세요.

㉡ 솔직한 마음을 바탕으로 서로를 아껴주세요.

㉢ 심술궂게 행동하거나, 일부러 다치게 하거나, 마음을 상하게 하지 마세요.

㉣ 강요하거나, 명령하거나, 절교하겠다고 위협하지 마세요.

㉤ 뒤에서 험담하지 마세요.

㉥ 친구가 힘들어할 때 용기를 주고 지지해주세요.

㉦ 친구가 혼자 어려움을 겪도록 내버려두지 마세요.

㉧ 좋은 친구를 소중히 여겨야 친구도 나를 소중히 여겨요.

출처 : 라이사 카차토레 외, 《엄마, 나도 사랑을 해요》, 베르단디, 2021

아이가 친구와 갈등을 겪는다면 꼭 지켜야 할 우정 규칙을 대화로 나눠보고, 또 새로운 규칙이 있는지 아이와 함께 살펴보고, 이야기를 나누자.

내 감정을 먼저 살피고,
친구의 감정을 살피게 하자

말과 행동이 앞서 상대를 불편하게 했던 경험이 누구나 있을 것이다. 우린 감정이 앞서지 않기 위해 생각해야 한다. 아이들 문제의 시발점은 생각보다 감정을 앞서 표현해 발생한다. 협력놀이를 통해 아이들에게 원활한 관계를 유지하기 위해 생각하고 말하고 행동으로 옮기라고 강조했다.

내 감정을 살피기 위해 인간의 애착 행동을 연구한 볼비(Bowlby, 1969)는 어린 시절 어머니와의 애착 관계가 성장 후의 인간관계에 영향을 미친다고 주장했다. 채널A의 〈금쪽같은 내 새끼〉라는 방송프로그램은 베테랑 육아 전문가들이 모여 부모들에게 요즘 육아 트렌드가 방영된 육아법을 코칭하는 프로그램이다. TV를 보면 많은 아이들과 부모가 살얼음판을 걷고 있다.

안정 애착을 형성한 아이는 성장해서도 누구에게나 신뢰감을 느낀다. 의존하는 사람 없이 스스로 안정감을 찾고, 다른 친구들과 막힘없이 관계를 형성하게 된다. 하지만 불안정 애착을 형성한 아이는 양육자의 사랑을 수시로 확인한다. 눈에 보이지 않으면 불안함으로 양육자 몸에 매달려 의존적인 행동을 보이거나 눈치를 보는 등 뭔가 불안해하는 회피 애착이 있다. 내 감정을 먼저 살피려면 양육자와 돈독한 관계를 맺어야 한다. 내 감정을 살피면서 감정을 스스로 받아들이고 말로 표현하며 행동으로 옮길 수 있어야 한다. 만약 아이가 감정이 앞선다면 양육자와의 관계가 스트레스를 주며 무의식중에 저장이 돼 성격이 되지 않았는지, 양육자와의 애착 관계를 점검해볼 필요가 있다.

저자는 협력놀이를 하면서 화가 났거나 내 감정이 컨트롤이 되지 않으면 잠시 멈춰야 한다고 이야기했다. 시간을 두고 감정이 앞서지 않게 감정 표현하는 순서를 강조했다.

[생각]

무엇 때문에 화가 났을까? 〉 내 감정을 어떻게 말로 표현하지?

↓

[말]

감정이 앞서지 않게 생각했던 말을 표현할 수 있게 된다.

↓

[행동]

감정이 앞서는 친구는 홧김에 친구를 때릴 수 있고 무례한 실수를 많이 한다. 생각, 말, 행동의 표현 순서로 행동이 앞서지 않을 수 있었다.

저자의 막내아들은 행동 지향적인 아이다. 기분이 좋지 않아 씩씩거리거나 감정이 좋지 않을 때는 막내 아들도, 나도 감정이 앞서지 않기 위해 생각할 시간을 준다. 했던 행동을 하고, 또 하더라도 일관성 있는 자세로 아이를 대하려고 노력한다. 아이가 행동이 앞서지 않도록 생각하며 감정을 정리할 수 있게 도와줘야 한다. 그리고 주변에 있는 같은 그룹 친구들이 무엇 때문에 화가 났는지 관찰을 하고 도와줘야 한다고 이야기한다. 대부분 아이들이 잘해내고 싶지만 잘되지 않아 자기 성격을 못 이기고 표출하는 경우가 많았다. 내가 왜 화를 내고 있는지, 내 마음에서 오는 불편한 감정들이 어디서 오는지 찾지 못한다. 그냥 두루뭉술하게 "짜증 나", "진짜 화난다" 같은 감정의 결론만 표현했다.

불편한 감정을 느꼈다면 스스로 '무엇 때문에 화가 났니?'라고 물을 수 있어야 한다. 아이들의 불편한 감정표현은 고자질처럼 내 감정은 빠지고, 상대의 잘못된 행동에만 집중된다. 무엇 때문에 화가 났는지, 무엇 때문에 마음이 불편한지 말로 표현할 수 없는 아이들이 의외로 많다. 아이들은 자세하게 내가 어디에서 불편한 감정이 왔는지 대부분 말로 설명하기 어려워한다. 아이가 불편한 감정을 울음으로 표현한다면 아이의 감정을 먼저 이해해주고 공감해주어야 한다. 감정이 앞서다 보면 재미있는 놀이 앞에서도 불편한 감정을 이끌고 놀이에 참여한다. 협력놀이가 끝나고 "짜증 났어요", "화가 났어요"라는 피드백이 나온 경우도 있었다.

또 어휘력이 부족한 사람들은 감정적 표현이 부족한 삶을 살게 된다. 반면 감정을 표현하는 어휘력이 풍부한 사람은 팔레트에 채색할 물감을 여러 색을 가진 사람으로 감정의 표현도 풍부하게 색칠하며 살아갈 수 있다. 우리가 바라는 대로 아이들을 성장시키려면 아이의 불편한 감정을 인정해주고 생각, 말, 행동으로 옮길 수 있도록 일관성 있는 태도로 지켜봐야 한다.

아이들이 보내오는 불편한 감정을 받아들이고서 감정을 긍정적으로 변화시켜야 한다. 모든 감정은 무언가를 배울 수 있는 기회를 제공한다. 그 사실을 깨닫고, 내 감정을 살피고 즐거워하는 법을 배워야 한다. 그리고 친구에게 시선을 돌려 협력놀이를 하면 자존감을 서로 높일 수 있다.

⑦ **불편한 감정을 표현한다면 우린 사랑과 온정으로 보듬어줘야 한다**

불안한 감정은 내가 무엇 때문에 불편하다는 신호다. 그럴 때 있는 그대로 불편한 감정을 받아줘야 한다.

"화가 났구나."

"속상했구나."

"잘되지 않았구나."

괴로운 감정들을 먼저 인정하고, 고통스러운 힘든 감정을 정리할 수 있도록 '무엇 때문에 그러지?'라고 생각하고, 서로의 행동을 돌아보며 다른 방법으로 시도해보게 한다. 불편한 감정을 표현해 상대 친구가 불편했다면 표현하며 서로 마음의 온도를 맞춰 나갔다.

"네가 화를 내서 내가 어떻게 해줘야 할지 모르겠어."

"네가 속상한 모습 보니까 나도 속상했어."

"네가 잘되지 않아서, 내가 어떻게 도와줘야 할지 모르겠어."

위와 같이 상대 친구도 마음을 마음속으로 생각하는 것이 아니라 긍정적으로 대화할 수 있게 연습을 시켜야 한다. 양육자가 사랑과 온정으로 감정을 인정하고, 보듬어줘야 친구 관계에서도 내 감정을 먼저 살피고 친구의 감정을 볼 수 있는 마음의 여유가 생긴다.

ⓒ 문제에 직면했을 때 어떤 두려움이 있는지 내 마음을 돌아
봐야 한다

두려움은 긍정적인 변화를 가로막는 벽이다. 두려움을 벗어나기
위해 용기를 갖고 뛰어넘어야 한다. 문제에 직면했을 때 혼자서 뛰
어넘는 건 참 어려운 일이다. 혼자 살아가기엔 적막하고 힘든 세상
이다. 두려움을 극복하기 위해 우리는 사랑의 마음을 생각과 행동
으로 표현해야 한다. 사랑은 감사한 마음을 들게 하고, 감사한 마
음으로는 지혜를 얻을 수 있으며, 두려움을 없애줄 수 있다.

ⓒ 마음의 상처를 받았다면 먼저 친구에게 적절하게 털어놓아
야 한다

친구가 왜 그런 말을 했는지 생각해보고, 마음의 상처를 받았다
면 왜 기분이 좋지 않은지를 살펴보자. 친구에게 관심을 갖고 궁금
해하고, 해결하려고 노력해야 한다.

ⓔ 분노의 마음이 들었다면 누군가가 내가 세워놓았던 기준을
침범했을 것이다

상대는 내 규칙을 모른다. 말로 내 감정을 표현해야 한다. 내 감
정을 이야기했다면 대부분 편안한 마음 상태로 돌아온다. 그래도
마음 상태가 돌아오지 않는다면 잠시 시간을 주자. 그럼 생각이 바
뀌게 되고 분노라는 감정이 열정으로 전환해 몰입할 수 있는 능력

을 찾을 수 있었다. 협력놀이 시간에 내 감정을 생각하고 원인을 찾아내 분노를 열정으로 바꿔 몰입할 수 있는 효과를 가져왔었다.

⑩ 좌절감은 우리가 문제를 해결하려고 할 때 항상 따라오는 결과로 성장하는 과정이다

좌절감은 일어날 수 없는 늪에 빠지게 한다. 따라서 스스로 새로운 결단력으로 항상 극복할 수 있다고 생각해야 한다. 나를 먼저 신뢰하며 친구를 신뢰해야 한다. 협력놀이를 할 때는 실패와 실수도 경험하고, 곤경에 빠질 수도 있다. 옳은 결단이라고 생각했다면 서로 신뢰하고 실수와 실패를 거듭해서라도 성취를 얻을 수 있는 도전정신을 알려줘야 한다.

⑪ 여러 실패로 친구나 나에 대해 실망감이 들고, 더 큰 실패와 실수는 무력감으로 아무것도 하고 싶지 않은 감정이 든다

긍정적인 사고로 문제를 해결할 수 있어야 한다. 먼저 실수했을 때 스스로 죄책감이 든다면 친구들에게 미안한 마음을 말로 표현하고, 긍정적인 마음으로 전환하려면 나를 먼저 격려하고 응원해야 한다. 내 마음이 단단해져야 친구에게 자신감 있는 에너지로 격려하고, 응원하며 명랑한 분위기로 바꿀 수 있다.

ⓐ 중압감, 압박감, 잘해내야 하는 감정으로 스트레스를 받을 수 있다

내가 지금 이 자리에서 무엇을 잘해낼 수 있는지, 내가 잘해내지 못한다면 잘하는 친구에게 자리를 내어줄 수 있어야 한다. 서로가 서로에게 어떤 활력을 줄 수 있는지 고민해야 한다.

◎ 협력놀이로 몸은 함께 놀지만 마음이 외로운 아이가 있다

마음이 서로 통하는 아이가 있다면 더할 나위 없는 협력놀이가 되겠지만 통하는 아이는 소수다. 놀이는 함께 참여하지만 외로움을 느끼는 아이가 있다면 봉사정신으로 친구가 적극적으로 도와줘야 한다. 친해지기에 많은 시간이 걸리는 아이들이다. 컨디션이 좋지 않아서가 아니라 친구들과 놀아본 경험이 없어서 어떻게 놀이에 참여해야 할지 모르는 아이들이다 보니 주위 친구들이 세심함이 필요하다.

응원과 격려의 말과 행동을
적극적으로 가르쳐라

행동은 우리의 심리가 숨어 있다. 힘이 빠졌을 때나 무력하다고 느낄 때, 등이 굽어 고개를 푹 숙이게 되고 스트레스로 인해 부정적 사고로 자기를 방어하며 회피적인 태도를 취한다. 내가 뭔가 당당할 때는 고개를 꼿꼿이 세우고, 가슴을 펴고, 내 당당함을 과시하기도 한다. 하버드 대학교수인 에이미 커디(Amy Cuddy) 박사는 사람의 몸에 관해 연구했다. 그에 따르면, 사람은 신체로 언어를 표현한다. 신체의 행동에 따라 감정이 결정된다. 긍정적인 사고와 도전정신은 자세로 알아볼 수가 있다. 따라서 실수로 의기소침해져 있는 친구를 행동과 말로 응원과 격려를 한다면 자존감을 높일 수 있다.

수업시간에 아이들의 자세를 보면 열심히 참여할 것인지, 아닌지 대략 알 수 있다. 처음에 아이들을 만났을 때 문제가 발생한 상황에서 아이들은 응원과 격려의 말과 행동을 하는 것을 어려워했다. 협력놀이에서 협동하다가 자기 생각대로 되지 않으면 상대에게 짜증 부리고 남의 탓을 하고 상처받는 건 자존감이 낮은 아이들이었다. 평상시 지적을 받고 실수를 많이 하는 아이일수록 어쩌다 잘했을 때 그냥 무심코 넘어가면 안 된다. '자존감을 높일 수 있는 기회다'라고 생각해야 한다. 고쳐야 할 행동을 계속 지적받는 아이가 있으면 칭찬과 격려를 생각해뒀다. 잘했을 때 칭찬으로 응원하는 말과 행동이 그리고 실수했을 때 격려도 중요하다.

똑같은 실수를 반복하는 아이들이 있다. 친구들의 입장에서는 그런 아이들이 일부러, 장난으로, 잘못 행동하고 있는 것으로 보였다. 이렇게 실수를 똑같이 반복하는 아이일수록 사실은 미안한 마음이 크다. 쥐구멍에 숨고 싶은 때도 있을 것이다. 이런 아이들은 지적한들 쉽게 바뀌지 않는다. 똑같은 실수로 친구들이 힘겨루기하는 상황이라면 잠시 멈추고 '응원과 격려의 말이 무엇이 있는지' 생각하고 사용할 수 있게 도와줘야 한다. 실수를 반복했던 아이들은 실수하지 않으려고 신경을 쓰고 격려의 말을 통해 성장해나갈 수 있다. 실수를 많이 하는 아이는 놀이에 긴장을 많이 하고, 교구사용에 익숙하지 않거나 생각보다 행동이 민첩했다.

저자는 수업시간에 아이들에게 "실수하면 어떤 느낌일까?"라는 질문을 한 적이 있다. 아이들은 "슬프다", "화가 난다", "답답하다",

"포기하고 싶다", "좋지 않은 감정이 클 거 같다" 등등의 이야기를 해줬다. 다시 "누구나 실수는 할 수 있어요. 실수했을 때 어떤 말을 사용하면 좋을까요?"라고 질문했다. 아이들은 "괜찮아!", "실수해도 괜찮아!", "다시 하면 돼!", "지금도 잘하고 있어!"라고 대답했다. 힘들어서 포기하는 아이들도 격려의 말로 다시 한번 해볼 힘을 얻을 수 있다. 말로 자연스럽게 아이들의 행동이 교정된다.

협력놀이를 하면 조별로 꼭 한 명씩 튀는 아이들이 있다. 문제 행동을 보이는 아이 한 명이 조별로 함께 참여하는 다른 아이들을 힘들게 하고 불편하게 한다. 이럴 때는 '이 아이의 마음속은 어땠을까, 왜 그럴까?'라는 생각을 해봐야 한다. 자기 나름대로 최선을 다하고, 애쓰고 있으며, 활동할 때 행동이 큰 아이다. 정확히 말해 생각보다 행동이 빠르고, 손과 눈의 협응력이 잘되지 않는 아이였다. 이런 아이에게 힘을 줄 수 있도록 "괜찮아 그럴 수 있어!"라고 말하면, 이 친구는 위안이 되는 것 같았지만 다른 친구들은 힘들어했다. 저자는 행동이 큰 아이의 대변인이 돼 이야기해줬다.

(실수한 친구를 가리키며)

"선생님은 너 열심히 참여하는 거 다 알고 있어. 힘들지?"

(친구들에게)

"이 친구는 지금 너희들이랑 잘하고 싶은데 마음처럼 안 되고, 행동이 먼저 나와서 그러는 거야."

"열심히 참여하는 중이야!"

"이 친구는 너희들이 도와줘야 해!"

"실수했을 때는 어떤 말을 해야 할까?"

이렇게 진행하니 아이들은 알아듣고 수업에 참여했다. 놀라운 건 이후 아이들과 마찰이 없었고 아이들은 이 친구를 이해해줬다. 그리고 실수를 많이 했던 아이는 친구들에게 "고마워"라고 말했고 서로 이해하며 행동수정이 되는 과정으로 행동이 조금씩 나아지고 있었다. 처음부터 잘하는 사람은 없다. 지금 이 친구가 애쓰고 노력하고 있다는 것만 알아줘도 아이는 '나를 알아봐주는 사람이 있구나'라고 생각한다. 포기하고 싶다가도 동기부여를 받고, 격려를 통해 자존감이 높아져 '나도 할 수 있구나!'라는 마음을 갖게 하는 것이다. 마음이 따뜻한 아이로 성장하기를 기대한다.

협력놀이에서 중요한 건 함께 놀이를 한다는 것이다. 계속 지적을 받고 좋지 않은 피드백이 이어진다면 아이는 '나는 계속 안 좋은 행동을 하는 사람이다'라고 인식한다.

"어차피 혼날 거."

"어차피 못하는 거."

쉽게 자포자기한다. 대부분의 아이들이 상처를 받고, 낙담해버린다. 자기 스스로 할 수 있는 힘이 있음에도 불구하고 규정해버린다면 부정적인 자아상이 생긴다. 이런 아이들은 협력놀이를 통해 아이들과 함께하면서 긍정적인 피드백을 받아야 자신에 대한 긍정적인 자아개념이 생긴다. 그래서 잘하지 못했을 때 격려의 말이 중요하다.

응원의 말을 적극 활용하면, 협력놀이를 하면서 아이들은 말 한 마디로 잘하는 일을 찾아가고, 진실성 있는 격려의 말에 자신이 강한 사람 그리고 가치 있는 사람이라고 느끼게 된다.

사람은 누구나 선과 악을 가지고 있다. 분노할 일이 아닌데 화를 내고 분노를 표출한다면 '왜 저래?' 하는 시각으로 바라보는 것이 아니라 '왜 저렇게 힘들어할까?', '아이가 왜 화를 내고 있을까?'에 대해 생각해보길 바란다. 행동의 성공 경험을 많이 해야 아이가 응원과 격려의 말과 행동을 적극적으로 하는 아이로 성장할 수 있다. 분노하는 아이는 감정과 행동에 인정을 많이 해줬는지 먼저 양육자 입장에서 돌아봐야 한다. 더 억울하고, 더 분노를 표출하기 위해 목소리가 더 커지고, 감정조절에 이어 행동제어가 어려워진다.

사람은 누구나 장단점을 갖고 있다. 저자의 장점은 사람의 이야기를 잘 들어주고 다른 사람의 마음을 공감하는 것이다. 단점은 누가 나에게 긍정적인 피드백을 해줬을 때 적절하게 고마움을 말로 잘 표현하지 못한다는 것이다. 그래서 마음의 표현이 서툴러 오버스럽게 표현할 때도 있다. 상대가 '이 정도까지 안 해도 되는데'라는 생각을 할 수도 있다. 저자도 사람과의 관계를 연습하고 배워가는 사람이다.

소극적인 아이라면 말로 표현하지 못하는 아이들이 많다. 말은 하고 싶지만, 말을 하지 못하는 경우가 많다. 이런 아이들을 바라볼 때 '친구들이랑 어울리는 게 힘들구나', '노력하고 있구나' 하고 함께 참여하는 것만으로도 기특한 아이라고 바라봐줬으면 한다. 상대 친구들은 아이와 입장을 바꿔서 생각해보는 시간을 갖고 소극적인 아이가 돼본다면, 아이들은 상대의 입장에 대해 충분히 공감하는 능력을 키울 수 있다. 문제의 행동을 먼저 보기 전에 '이 아이가 왜 이런 행동을 할까?' 고민하고, 지도자, 양육자는 함께 격려하고 응원해주며 아이들과 함께 학급 분위기 또는 집안 분위기를 만들어 줄 수 있다.

누군가 상대방의 약점을 다 알고 있는 상태에서 칭찬이라는 이름으로 들춰내면 기분이 몹시 상한다. 가끔 약점을 칭찬하는 척하면서 웃는 얼굴로 다른 사람들 앞에서 '칭찬인지 욕인지' 헷갈리게 이야기를 꺼내서 갑자기 분위기를 싸하게 만드는 사람이 있다. 면전 앞에서 이야기하지 못할 일은 다른 사람에게 이야기하지 말아야 한다. 긍정적인 생각을 해야 긍정적인 말을 할 수 있고, 긍정적인 말이 긍정적인 행동을 만들 듯, 긍정적인 인간관계를 원한다면 긍정적인 생각으로 상대를 바라봐야 한다. 긍정적인 생각으로 상대를 바라보지 못한다면 관점을 바꿔서라도 상대를 좋은 방향으로 바라보도록 노력해야 한다.

친구가 좌절해 있다면 어떤 말을 해야 하며, 어떤 행동을 해야 할까? 응원과 격려의 말을 하기 전에 자기 자신의 말과 행동을 돌아봐야 한다. 친구들에게 상처를 받았다면 내가 먼저 친구에게 상처를 줬던 건 없는지, 먼저 내 말과 행동을 돌아봐야 한다. 문제는 타인으로부터 오는 것이 아니라 내 마음, 말, 행동에서 온다고 생각해보자.

친구들과 문제를 해결하며
자기 주도적으로 이끌게 하라

자녀에게 고기를 잡아주지 말고 고기를 잡는 법을 가르쳐라.

- 탈무드

저자는 협력놀이 시간에 사소한 갈등에는 바로 관여하지 않는다고 했다. 아이들이 적절하게 해결할 방안을 모색하며 관계를 조율하는 법을 배울 수 있고, 해결방법을 알아가며 만들 수 있다. 아이들이 스스로 이야기하고, 서로 이해하면서 문제를 해결하기 위해 기다려준다. 수업의 도구를 제공하고 아이들이 문제를 해결하지 못할 때, 시간이 얼마 남지 않았을 때 아이들의 성취감을 위해 도와줬다. 최대한 아이들이 문제를 스스로 해결할 수 있게 중재 역할로 "이럴 때 어떻게 하면 좋을까?"라는 질문을 사용했다.

누군가에게 해결해달라고 의지하는 수업이 아니라 아이들 스스로 문제점을 찾고 해결하기 위해 노력한 시간이었다. 누군가에게 의지하지 않고 문제를 해결해본 아이는 자신의 말을 친구가 받아들이는 순간 '자기효능감'이라는 것을 얻을 수 있다. 내 말이 상대에게 통했던 것만으로도 좋은 경험이 되어 자존감이 높아진다.

세상과 잘 어울리는 아이는 수업시간에 적용했던 것처럼 아이들에게 문제가 발생했다면 스스로 문제를 해결할 수 있도록 부모가 인내하며 기다려주면 된다. 친구들과 문제를 해결하려면 위기가 왔을 때 자기 조절을 할 수 있어야 한다. 그래야 잠시 멈추고 생각하는 힘으로 문제를 해결할 수 있다.

• 행동형에 가까운 아이들은 직접적인 경험으로 실수가 배움으로 이어지게 한다. 아이들마다 성격, 성향이 다르다. 목표를 집중적으로 함께 간다면 낙오되는 아이들도 있을 것이다. 실수하기 싫어서 좀 더 신중하게 생각하는 아이라면, 행동형에 가까운 아이와 함께 같은 조로 협력놀이를 한다는 것만으로 힘들어진다. 행동형 아이들은 직접 해봐야 직성이 풀리기 때문에 먼저 실행을 해보게 하는 것도 나쁘지 않다. 다만 실수를 싫어하는 아이들과 함께 충분한 이견이 조율됐을 때 순서를 정해 실행하면 좋겠다.

• 탐구형에 가까운 아이들은 실수를 줄이기 위해 시각화를 만들

려고 마인드맵을 머릿속으로 한번 그려본다. 실수의 경험을 줄여나가기 위해 좋은 방법이다. "아직도 안 하고 있니?" 재촉하고 싶어도 잠시 멈춰야 한다. 머리 안에서 무한한 창의적 그림을 그리고 있기에 신중한 탐구형 아이들이 생각할 수 있는 시간을 주는 것이 중요하다. 빠르게 함께 할 방법을 제시해주는 아이다.

• 규범형 아이들은 규칙을 정해보고 경험해본다. 이 문제를 해결하기 위해 목표를 정해놓고 실패했던 경험으로 현재 어떻게 해야 하는지 생각하고 실행한다. 목표를 정해놓고, 여러 문제를 해결하기 위해 과거의 경험을 기반으로 실수를 줄이고, 빠르게 해결할 방법을 모색하며 만들어가는 아이들이다. "오늘 나는 응원의 말을 5번 해야지!"라는 개인의 목적을 스스로 세워 팀의 분위기를 긍정적으로 이끌어갈 수 있다. 아이들마다 받아들이는 양이 다르므로 스스로 규칙을 정해서 부담을 줄이고 공동의 목표를 세울 수 있도록 했다. 그러면 아이들은 스스로 세워놓았던 규칙을 지키고, 에너지 넘치게 목표로 가는 과정을 순조롭게 이끌어갔고, 팀별 과제 수행 성공률도 높았다.

자신을 조절할 방법은 내면을 잘 들여다보는 일이다. 아이들도 자기의 내면을 들여다보는 연습이 필요하다. 마음속으로 생각하고 자기 스스로 조절하는 것이다. 어른들이 먼저 말과 행동으로 하기 전에 자신의 감정을 잘 들여다보는 것만으로도 아이들은 그것을 보고 자신에게 쉽게 적용한다. 협력놀이를 하다가 화나면 바로 감정이 앞서는 친구들이 있다. 자기감정을 조절하지 못한다면 잠시 쉬면서 의자에 앉아서 생각할 수 있는 시간을 줘야 한다. 화가 났을 때 감정을 무조건 억제한다고 해결되는 것이 아니다. 내가 지금 어떤 기분인지 내면을 들여다보게 한다.

'내가 지금 화난 거야?'

'내가 지금 짜증이 난 거야?'

'내가 지금 슬픈 거야?'

스스로 자신의 내면을 잘 들여다볼 수 있게 감정의 이름표를 달아주도록 도움을 줘야 한다.

또한, 감정과 현재 문제점을 구별해줘야 한다. 문제가 조율되지 않으면 감정이 앞서는 아이들이 있다. 어른들도 사실과 감정을 구분하기가 어렵다. 연습하고 실수해도 연습해야 한다.

장난감 조립이 잘되지 않아서(사실) + 화가 났구나(감정).

졸려서(사실) + 짜증이 났구나(감정).

넘어져서(사실) + 아팠구나(감정).

숙제가 많아서(사실) + 힘들구나(감정).

대부분 감정과 사실을 구분해 표현하는 방법은 쉽지가 않다. 어른도 감정적 동물이라서 연습이 필요하다. 협력놀이에서는 어떤 감정이 들면 잠시 쉬었다가 사실을 이야기한다. 아이들은 스스로 자기가 원하는 것을 찾고, 놀이를 찾으며, 스스로 책상에 앉아 공부할 수 있는 힘이 있다. 저자가 아이를 키우면서 실감했던 사례다. 우리 아이들은 자기 할 일을 찾아서 스스로 하는, 자기 주도적으로 즐거운 마음으로 배움을 찾는 아이들로 성장하고 있다.

이것 또한 혼자서 만들어진 스스로 학습의 영향이라고 '콕' 찍어 이야기할 수는 없지만, 학원을 보내놓고 끝이 아니라 숙제를 하고 가지 않았을 때 '숙제를 했어, 안 했어' 이 문제는 아이가 해야 할 일과 하지 않아도 될 일을 구분 지어줬고, 이것보다 중요한 부모의 자세는 학교 및 사회와 함께 아이의 학습자세, 태도를 상의하고, 몇 번의 실패를 거듭하더라도 아이가 온전히 어떤 아이인지 인지해야 한다.

해결할 방법을 어떤 방법으로 해볼 것인지에 대해 생각을 해보자. 생각할 것인지, 경험하면서 부딪쳐 볼 것인지, 어떤 문제에 직면했을 때 감정대로 표현하는 것이 아니라 내면에서 움직이는 감정에서 먼저 찾아내야 한다. 그리고 감정을 잘 들여다봤다면 내가 무엇 때문에 즐겁고, 기쁘고, 또는 화가 나고, 짜증이 나는지 봐야 한다. 지금 내 감정에 집중하고 나를 잘 알고 이해해야 해결해야 할 문제들을 두려워하지 않고 자기 주도적으로 해결할 수 있다.

궁리하는 자세는 문제를 해결하고 자기 주도적으로 살아가는 데 핵심이다. 이 과정을 친구들이 문제점을 해결하지 못하더라도 의견을 나누며 감수하는 자체가 의미가 있다. 상황에 대처하며 해결하는 방법을 찾다 보면, 아이들은 생각하고 의견을 나누며 서로가 서로에게 배우게 된다.

이 문제를 해결해가는 과정에서 자신을 발견하고, 예측 불가능한 상황에서 유연하게 대처하면서 자존감이 높아진다.

협력놀이에서 친구들과 자기 주도적으로 문제해결을 하는 아이들을 보겠다. 아이들 중에는 상대에게 의존적인 아이들이 있었고, 소극적인 아이들도 있었으며, 진취적인 아이들도 있었다. 진취적인 아이들은 무엇이든 해보려고 했다. 다양한 도구들로 친구들과 협력놀이를 함께하면서 다양한 감정을 만났지만, 진취적인 아이들은 문제 해결을 빨리했다. 예측하면서 되지 않을 거라고 생각하기보다는 한번 시도해보면서 끝없이 해결하기 위해 궁리했다.

저자는 아이들이 9세, 7세, 5세 때부터 날카롭지 않은 칼로 함께 요리하기 시작했다. 요즘 아이들은 산에 산책을 가면, 톱으로 버려진 나무를 자르고, 망치질하는 것에 빠져 있다. 배움의 즐거움을 알기 위해서는 때로는 위험한 것도 알아야 한다. 여러 작은 경험들이 모여 점이 되고, 선이 된다. 부모도 함께해야 한다. 문제를 해결하기 위해서는 다양한 경험을 해보는 게 좋다. 친구들과 문제를 해결하기 위해 개인의 다양한 경험들을 쌓길 바란다.

다양한 경험을 모아 문제를 해결할 수 있는 방법을 실전에 적용했을 때 생각했던 것보다 다양한 일이 일어난다. 결론은 답을 정해서 따라가는 것이 아니라 어디까지 할 수 있는지, 목적을 이뤘으면 또 다른 목적지를 제시할 수 있어야 한다. 스스로 실패를 거듭하면서 바꿔나간다. 부모는 자기 스스로 학습에서 "네가 알아서 해!" 같은 방임이 아니라 아이가 '어려운 점은 있는지?', '어떤 점이 어려운지?' 감정을 잘 살피며 함께 성장해가야 한다. 그렇게 하면 아이들은 친구들과 자기 주도적으로 걸림돌 없이 문제를 해결할 수 있다.

아이들의 상상력으로 함께 협력놀이를 만들어간다

창의성은 정답에서 나오는 것이 아니라 자기 생각에서 나온다. 상상이 곧 현실이 되는 사회가 오고 있다. 상상을 현실로 만들어내는 핵심의 기술은 '인공지능'이라고 볼 수 있다. 4차 산업혁명에서는 창의적 아이디어를 기술, 지식, 제품과 연계하는 메타인지가 중요해졌다. 우리 부모의 역할은 아이들의 능력을 밖으로 끄집어내는 것이다.

미래를 살아갈 인재들에게는 사람과의 협동뿐 아니라 기계와의 협동도 중요해질 것이다. 미래의 기업들은 협동할 줄 아는 창조적 인재를 원하고 있다. 학교 기능은 지식 함양, 협동성, 창조력의 3가지라고 생각한다. 협동과 창조성을 길러주는 학교가 인기 학교가 될 것이다. 앞으로의 미래에서 협력관계는 사람과 사람의 협력뿐만 아니라 사람과 인공지능의 협력관계로 확대될 것이다.

　어릴 적엔 한 가지 장난감으로도 이야기를 만들고 조잘조잘거리며 친구들과 함께 모험하며 놀기도 했다. 심심한 날에는 혼자만의 상상력을 펼쳐 가상현실을 만들어놓고 놀기도 했다. 우리 모두 어린 시절에는 상상력이 풍부한 아이들이었다. 창의적인 상상력은 내 삶에 적용하느냐, 아니냐에 따라 달라지기도 한다.

　우린 정답을 찾는 문제에 집중하고 있다. 생각할 수 있는 시간도 없이 머릿속에 지식을 넣고 있다. 또, 가정에서는 상상하려고 하면 제지하고 상상할 수 없는 제약들을 만들어놓는다. 아이들을 생각의 틀에 가둬서 할 수 있는 일보다 할 수 없는 일들을 나열하며 어른들이 정해놓은 틀에 가둔다. 아이들은 부모가 정해준 규제를 지켜내기 위해 많은 것을 인내한다. 우리가 살아왔던 것처럼 주어진 대로 지식을 쌓고, 현재보다 미래에 집중하며 대비하고, 상상의 욕구를 참으며 살아가고 있다. 생각할 수 없고, 상상력이 없다면 아이들은 의욕 없는 삶을 살게 될 것이다. 아기 코끼리 길들이기 이야기를 잠깐 하겠다. 아기 코끼리의 한쪽 다리를 밧줄로 고정된 말뚝에 묶어놓았다. 아기 코끼리는 엄마 코끼리에게 가겠다고 발버둥을 치며 아파한다. 코끼리의 뇌는 밧줄에 묶였던 고통을 기억하고 있었다. 어른이 된 코끼리는 묶어놓지는 않았지만, 시간이 지나도 또렷하게 기억하는 고통으로 인해 밧줄만 봐도 두려움으로 도망가지 않았다.

　아이들이 고통받지 않게 하기 위해서는 자신을 가둬두지 않도록 해야 한다. 세상을 살아갈 때 호기심을 가지고, 자신에 대해 믿음을 가지며, 열린 생각으로 살아가야 한다. 성인이 돼서도 쳇바퀴처럼 똑같은 굴레를 돌지 않으려면, 아이의 상상력이 터무니가 없더라도 아이들의 생각을 실행할 수 있도록 해야 한다.

국내 기업에서는 정답을 맞히는 사람을 원하지 않는다. 혼자 성장하는 것이 아니라 협업할 수 있는, 창의적이며 일머리 있는 인재를 원한다. 열린 생각을 하고, 자신의 강점과 팀원의 강점을 살리며 끌어올려 주는 사람을 바란다.

협력놀이를 할 때는 자존감을 높이는 방법으로 아이들이 상상력을 높여줬다. 먼저 친구들의 의견 중 가능성 없어 보이는 방법들을 제시한다. 친구들의 의견이 아무리 엉뚱하더라도 수용하고, 인정하며, 시도를 해보라고 아이들에게 권했다. 아이들은 누가 봐도 터무니없고, 엉뚱한 방법을 시도해 실패도 많이 해보고, 실수를 줄여가며 실수 안에서 힌트를 찾아다녔다. 저자가 봐도 "어떻게 이런 상상을 하지?" 이야기가 나올 정도로 아이들이 협력놀이에 참여하는 것을 보면 무한한 가치와 무한한 창조를 배운다. 한 사례를 이야기해 보겠다.

'가능성 없어 보이는 방법을 A 친구가 제안하는데 B 친구가 의견을 무시하고 가능성 있는 방법으로 시도했을 때와 가능성 없어 보이는 방법을 다양하게 실행을 때 누가 더 빨리 성공할 수 있었을까?'

놀라운 사실은 가능성 없어 보이는 방법으로 실행했던 조가 월등히 빠르게 성공할 수 있었다.

어떻게 보면 틀 안에서 벗어난 생각이 빨리할 수 있을 방법을 찾을 확률이 높다. 아이들의 상상력은 무한한 창조의 방법이 숨어 있다. 하지만 아이들은 자신이 가지고 있는 상상력이 얼마나 가치가 있는지 모른다. 다양한 시도로 실수와 실패를 한다. 또 다른 상상력으로 새로운 방법을 시도하지만 또 실패한다. 하지만 실패와 실수를 줄여가는 법을 직접 해봤으니 줄일 수 있는 방법으로 친구와 협업한다. 친구들과 의견을 나눌 때 친구들이 자신의 의견을 시도해주는 것만으로 인정받으며 자기효능감이 높아진다. 즐거운 마음으로 협력놀이에 참여할 수 있다. 여기에서 아이들은 '심리적 안정감'을 받을 수 있었다. 심리적인 안정감을 가지고 있을 때 아이들끼리 생각과 의견을 자유롭게 이야기할 수 있었고, 상상력을 발휘하며, 서로의 의견을 실행하면서 성공할 기회를 찾아갔다.

아이들은 실패하더라도 성장할 수 있다는 믿음을 가지고, 서로 확신할 때 정말 많은 성장을 이룬다. 심리적인 안정감이 있으면 수용, 허용, 인정으로 오랜 시간 동안 우정을 쌓으며 관계를 돈독하게 배워간다. 친구 사이는 신뢰가 있어야 만들어진다. 친구와 갈등을 극복할 방법은 의견의 수용, 허용, 인정이다. 협력놀이를 할 때는 아이들이 풍부한 상상력으로 시도해보고, 아이들끼리 수용, 허용, 인정해주는 자세로 서로가 자존감을 높일 방법을 알아갔다. 아무리 성공

가능성이 있는 방법이더라도 서로 목적이 다르고, 마음이 맞지 않는다면 협력관계가 어렵다. 무엇보다 아이들이 풍부한 상상력을 마음껏 발휘할 기회를 제공하고, 협력놀이를 하며 서로의 신뢰 관계를 유지할 수 있게 동기부여를 해야 한다. 함께하는 친구가 실수해도 탓하지 않고, 잘한다고 시기 질투하지 않으며, 실수해도 온전히 내 편이 돼주는 것으로 아이들은 친구들과 무한한 가치를 알아갈 것이다. 공부든, 일이든, 운동이든 싫어하는 과목일수록 편안한 분위기 조성으로 심리적 안정감이 최우선이 돼야 한다.

창의력 향상은 답을 찾아가는 것이 아니라 남들이 생각하지 않는 나만의 답을 찾는 것으로 이뤄진다. 상상력으로 함께 협력놀이를 만들어가기 위해서는 창의적인 생각으로 친구들의 엉뚱한 상상력을 허용하고, 실수도 서로 인정하며, 어떤 문제의 결과를 긍정적으로 수용해야 한다. 경계를 넘으려고 시도하면 실패의 과정에서 실수를 줄여나갈 수 있다.

미래를 살아가려면 왜 창의력을 키워야 하는지 이야기를 많이 들어봤을 것이다. 아이들의 상상력을 키우기 전에 아이의 웃음을 먼저 찾아주고 우리 아이들의 눈빛이 반짝거리고 있는지 아이의 눈을 바라보길 바란다. 아이들은 부모의 눈빛을 보고 배운다. 부모부터 먹고살기 위해 돈을 벌더라도 내가 하고 싶었던 꿈을 기억하고, 취미생활을 꼭 하길 바란다. 우리의 눈빛이 바뀌어 아이들처럼 상상의 나래를 펼치길 바란다.

저자는 1년간 작가가 된 것처럼 상상했다. 3년 후 내 재능을 살려 센터를 차리고, 10년 안에 제주도 땅을 매입해 여행 연수원을 짓고, 그 공간 안에서 많은 기업체와 많은 가족이 상상력을 발휘하고 소통이 이뤄지는 공간을 꿈꾸고 있다. 이미 이뤄진 것처럼 상상하고 있다. 내가 가지고 있는 능력을 뛰어넘으려고 선을 긋지 않는다. 많은 아이 그리고 많은 사람이 상상의 위대한 힘으로 자신의 벽을 넘어 자유로움에서 살아갈 수 있길 바란다.

'크게 생각하고 크게 행동하라! 이미 이뤄진 것처럼 생생하게 상상하라!'

-김태광

PART 4

협력놀이로 세상과 잘 어울리는
아이로 키워라

협력놀이로 세상과
잘 어울리는 아이로 키워라

  4차 산업 혁명시대에 필요한 교육은 지식을 습득하고, 전달하는 사람이 아니다. 지식을 응용하는 교육으로 지혜, 창의, 공감하는 능력을 가진 인재를 양성하는 교육으로 바뀌는 시대가 왔다. 일부 미래학자들은 2030년에는 많은 대학이 사라질 것이고, 심지어 2050년경에는 세계 10대 대학을 제외한 대학들이 위기를 맞이하거나 사라질 가능성이 크다고 예고하고 있다. 공감능력을 갖기 위해 개개인의 자존감이 높아져야 한다고도 했다.

OECD 국가 중 자살률 1위인 우리나라

지난 2021년 우리나라 국내총생산(GDP) 순위는 세계 10위를 기록했다. 1인당 국민소득은 3만 5,000달러로 늘어났다. 인구수는 2021년 5,000만 명으로 2016년 대비 6만 명 가까이 감소한 것을 확인할 수 있다. 인구수는 줄었지만, 아이들은 세상과 거리가 멀어지고 자기중심적인 아이로 성장하고 있다. 그도 그럴 것이 사회의 급변화로 밖에서 노는 것보다 실내에서 핸드폰, 태블릿 PC로도 커뮤니티가 활발히 이뤄지고 있다. 주 5일제, 주 40시간 근무로 여가 시간이 늘어났고, 삶의 질이 향상돼 물질적으로 풍족한 삶을 살고 있다. 안타까운 사실은 우리나라가 OECD 국가 중 자살률 1위로 하루 평균 36.1명, 1년에 13,195명이 스스로 목숨을 끊는다는 사실이다. 왜 그럴까?

아이의 욕구를 먼저 채워주며 세상과 어울리게 하자

사람은 사회적 동물로 관계를 이루며 살아가기에 혼자서 살아갈 수 없다. 사람은 다른 동물과 다르게 태어나서 바로 걷지 못한다. 아기는 태어나면서부터 누군가의 손길이 필요하며 누군가에게 도움을 받고 또다시 도움을 주며 긍정적인 관계를 맺고 살아간다. 이 욕구가 채워지지 않는다면 아이는 새로운 환경, 새로운 일에 불안과 두려움이 생겨 당당히 맞설 용기가 서지 않을 것이다.

매슬로(Maslow)의 욕구 피라미드를 보면 사람들은 단계별로 '생리적 욕구 → 안전의 욕구 → 애정과 소속의 욕구 → 존경의 욕구 → 자아실현의 욕구'를 충족해 상위 욕구로 나아간다고 한다.

행복지수 1위인 덴마크

세계에서 행복지수가 1위인 덴마크는 미래를 내다보는 기술 개발로 당장 큰돈이 되지 않아도 먼 미래를 보고 투자한다. 덴마크의 교육은 학교에서 성적으로 학생을 구분 짓지 않고 차별이 없다. 인간관계는 학생과 교사, 어른과 아이, 부모와 자녀가 수평적인 관계로 어른은 학생들의 의견을 대부분 수용해준다. 세상과 어울리는 아이로 키우기 위해 사회성 발달을 우선에 두고 아이들끼리 서로 잘 협력한다. 어울리는 것을 즐거움으로 아는 아이로 성장시킨다면 교육도 즐거움으로 받아들이고 관계에 중점을 두는 교육을 할 수 있다. 친구들과 원만한 관계로 소통할 수 있는 것만으로 아이는 세상과 맞서 살아갈 힘이 생긴다.

양육자의 내면을 먼저 돌아보자

우리나라는 양육자가 사회생활을 하며 일에 치이고, 사람들의 관계에 지쳐 있다. 내가 좋아서 하는 일은 원동력이 생기지만 그렇지 않으면 노동으로 힘들게 받아들인다. 일의 능률이 오르지 않아 힘겹다. 세상과 잘 어울리는 아이로 키우기 위해 먼저 양육자의 매슬로 욕구위계이론에 따른 욕구가 채워졌는지 확인해보길 바란다. 양육자가 내면의 힘이 단단해야 긍정적인 모습을 보고 아이도 긍정적인 생각, 말과 행동을 습득해 배워나간다.

해결 대안으로 다양한 방법으로 극복하게 한다

협력놀이하면서 아이들이 힘들어했던 부분이다. 미리 부정적인 결과를 정해놓고 이 틀을 깨는 데 많은 에너지를 쏟았다. 다양한 방법으로 아이들이 시도할 수 있도록 질문을 던졌다. "어떻게 하면 조금 더 잘할 수 있을까?", "같은 팀의 친구들과 상의하세요."

문제가 발생했으면 다양한 방법으로 시도하고 해결할 수 있도록 격려와 응원이 필요하다. 다양한 방법으로 시도했을 때 메타인지로 다른 사물, 사건과 연결이 된다. 나중에 다시 꺼낼 수 있는 경험으로 아이들 머릿속에 저장된다. 결국 도전에 성공했다면 성취감은 앞으로 어떤 문제를 해결하고자 할 때 '인내할 힘을 키운다'라고 생각하길 바란다.

아이를 데리고 밖에서 놀아보자!

자존감이 낮다고 해서 밖에 나가지 말라는 이야기가 아니다. 문제가 발생했을 때 자기 생각을 분명하게 말할 수 있어야 상처받지 않고 자기 주관대로 놀 수 있다. 저자는 금천구로 이사를 왔을 때 제일 먼저 했던 행동이 도서관과 놀이터를 순회하며 이곳저곳 놀아봤다. 시흥동에는 놀이터로 물놀이장, 숲 체험을 할 수 있는 장소가 많았다. 아이들에게 새로운 친구들과 어울릴 기회를 만들어줬다. 하루 잠깐 만나는 친구여도 금세 친구가 돼 잘 어울려 노는 아이가 됐다.

아이들은 어릴수록 다른 친구들과 상호작용할 기회를 많이 제공해주면 좋다. 새로운 사람과 다음에 또 만나지는 못하지만 아쉬운 마음으로 다음에 또 만나자고 기약도 하며 짧은 시간에 돈독해진다.

협력놀이 시간에 아이들이 실내보다 실외를 더 좋아한다는 것을 표정에서부터 알 수 있었다. 연날리기를 하면서 이렇게 숨차게 뛰

어본 적이 없다며 즐거운 눈으로 저자를 바라봤다. 친구들과 연 1
개를 갖고 순서를 기다리며 친구들의 연 날리는 모습을 보며 감탄
하기도 했고, 연 날리는 친구는 친구들 감탄 소리에 어깨가 으쓱해
지기도 했다. 자존감을 빨리 높이는 방법은 아이들과 함께 어울리
며 놀았을 때다. 아이들의 호응으로 금방 자존감이 높아진다는 것
을 느꼈다. "너 잘한다"라는 말에 더 잘해 보이고 싶어 더 열심히
참여하기도 했다. 친구의 칭찬 한마디에 내가 잘하는 것을 알게 되
고, 내가 잘하는 놀이가 돼버린다.

아이가 스스로 선택해 스스로 결정하며 자기 주도적으로 놀아봐
야 한다. 다른 사람의 눈치를 보거나 무조건 양보하는 것은 바람직
하지 않다. 자신을 위해 자신이 놀고 싶은 장소, 놀고 싶은 세상과
잘 어울리는 아이로 커가기 위해서는 자신의 행동에 스스로 책임
질 수 있어야 한다. 저자의 행동형인 아들도 위험해 보이는 놀이터
에서 떨어지지 않으려고 조심조심 천천히 끈을 잡고 매달리며 가는
모습을 보고 협력놀이로 다양한 관계를 배워간다. 인지, 행동조절,
사회성 다양한 면에서 발달한다.

지나친 경쟁은 남과의 경쟁이 아니라 나와의 경쟁으로 바뀌어야
한다. 노는 것은 사치가 아니라 공부의 생산성을 높이기 위한 자기
충전시간이라고 생각했으면 한다. 놀다가 아이디어가 번쩍번쩍 떠
오른다면 바로 메모하는 습관을 들임으로써 즐거운 마음으로 일의

좋은 아이디어를 얻을 기회가 많아진다. 놀이는 혼자보다 여럿이 놀이에 참여했을 때 사회성이 발달한다. 여러 문제가 발생하면서 아이는 어떻게 해야 할지 직접 문제에 부딪히며 해결방법을 찾기도 한다. 세상과 잘 어울리기 위해 아이들이 있는 놀이터로 나가보길 바란다. 요즘 놀이터에 가면 아이들이 많이 없어 안타깝지만 놀이 터에서 의도된 만남으로라도 많은 아이들과 생각을 공유하고 다양 한 생각이 뭉쳐 의도치 않은 놀이로 발전할 수 있게 도와주자. 세상 과 잘 어울리는 아이로 성장하기 위해 우리가 해줄 수 있는 것은 인 정해주는 일이다.

놀이는 '내적 동기', 자신의 만족을 위해 행동을 유발한다. '내적 동기'에 의한 놀이는 가장 만족스럽고 재미있는 것이고, 건강한 놀 이를 즐기며 현대인의 몸과 마음이 회복될 수 있다. 또한 함께 즐기 는 놀이 문화로 소통과 배려하기가 자연스레 익숙해지면 우리의 삶 은 더 나아질 것이다.

작은 위험을 감수하는 대담한 아이로 키워라

온실에서 자란 장미는 아무리 아름다워도 정원을 가꾸는 데 쓸모가 없다. 거실의 화병을 장식하는 데 쓰일 뿐이다.

- 탈무드

아이를 키우고 책에 관심이 있다면 《안 돼, 데이빗》을 모르는 분이 없을 것이다. 책 속에서 데이빗은 위험한 행동으로 신발을 신고 침대 위에서 폴짝폴짝 뛰고, 야구방망이를 휘두르며 꽃병을 깨트린다. 부모가 싫어하는 행동만 골라 하는 것처럼 보인다. 아들은 5살 때 《안 돼, 데이빗》을 읽으며 "나도 데이빗처럼 하고 싶다"라는 말을 했다. 책 속 주인공처럼 '우리 아이들도 규제 없이 데이빗처럼 하고 싶은 마음이 들었구나'라고 생각했다. 아이들도 자유롭게 하고 싶은 대로 원하는 삶을 살아가고 싶어 했다. 이 책을 보면서 부모의 마음은 "이렇게 하면 돼, 안 돼?" 답이 있는 질문으로 아이들에게 안 된다고 인지되길 바랄 것이다.

아이들에게 이렇게 제한을 두고 기질을 바꾸라는 것은 행복한 삶을 살지 말라는 이야기와 같다고 생각한다. "데이빗은 얼마나 행복했을까?"로 질문을 바꿔 해보고, 제한보다 허락된 공간을 만들어주고 허용해주길 바란다. 데이빗처럼 산만한 아들을 키우면서 아이가 작은 위험을 감수하며 성취감을 얻고 스스로 자아개념을 만들어갈 수 있었다. 반대로 겁이 많고, 내성적인 둘째 아이는 "나, 이것도 해냈네!"라는 성취감을 얻으면서 작은 위험을 감수하며 실행해 성공했던 일들이 쌓여서 대담한 아이로 커가고 있다.

우리 현실은 아이들이 넘쳐나는 에너지를 풀지 못하고, 층간소음을 조심하며, 실내에서 조용히 놀아야 한다. 이러한 상황으로 인해 아이들은 내향적이며, 자기 조절이 어렵고, 소극적으로 변해갔다. ADHD, 즉 주의력결핍 과잉 행동장애의 주된 원인으로는 유전적, 신경학적, 사회 심리적 요인 등이 있다. 두뇌 발달이 이뤄지는 시기에 균형적 발달이 이뤄지지 못한다. 주의력과 집중력이 부족할 경우 학업 그리고 사회생활까지 영향을 끼칠 수 있다. 아이들은 뛰어놀고 작은 위험을 감수하면서 놀아야 인지능력, 창의력, 집중력이 향상되고, 스트레스 해소를 해나가며 문제해결 능력이 생길 수 있다.

이런 부모의 신경 쓰는 마음을 잘 알기에 안전에 신경을 쓰며 진행했던 수업이다. 협력놀이 시간에 '배려'라는 주제로 학교 수업을 하면서 성인 배꼽 정도 오는 긴 봉을 전달한 적이 있다. "어떤 놀이를 할 수 있을까?"라는 질문에 대부분 아이들이 "칼싸움"이라고 이야기했다. 봉 전달은 친구들이 방향을 정하고, 봉은 제자리에 두고 아이들이 옆자리로 이동하며 넘어지기 전에 봉을 잡는 놀이였다.

의견이 맞지 않아서 자신도 모르게 봉을 바닥에 내리쳐 몇 개가 부러졌다. 남자 아이들이 감정이 앞서다 보면 긴 봉은 무기가 될 수도 있었다. 너무 신이 나서 흥분된 마음을 조절할 수 없어 부러지는 경우도 있었다. 수업을 구상하면서 봉 전달을 많이 고민했다. 집에서 봉을 갖고 놀면 주위 물건이 부서질 수 있기 때문에 부모들은 놀이 도구로 사용하지 않을 것이다. 아이들은 봉을 보면 무조건 휘두르는 성향이 있기에 '이 봉을 친구들에게 휘두르다 다치면 어떻게 하지?', '실수로 몸에 찍히면 어떻게 하지?' 고민이 많았지만, 아이들을 믿고 아이들과 규칙을 정했다. 봉 끝을 바닥에 떨어뜨리지 않기, 친구에게 봉을 휘두르지 않기, 열정적으로 하다 찍힐 수 있으니 넘어지는 봉을 애써 잡지 않기로 규칙을 만들었다.

아이들에게 배려를 알려주기 위해 봉 전달만 한 도구가 없다. 에너지가 넘치고 성격이 급한 아이들을 예의 주시하며 수업을 진행했다. 순식간에 아이들에게 휘둘릴 수 있어 감정이 올라온 아이에겐 잠시 의자에 앉아 감정을 조절할 수 있게 도왔다. 위험을 감수하며 수업을 진행해 다른 친구가 봉을 잘 받을 수 있도록 배려하는 것을 체험해봤다. 직접 경험했으니 아이들이 삶에서 배려를 적용하며 살아가리라 믿는다.

저자는 제주도 시골에서 태어나 자랐다. 7세 때로 기억한다. 할아버지께서 돌아가신 뒤 유치원에 가지 않는 날이면 부모님의 일터에서 놀았다. 어렸을 때는 엄청 순한 아이였는데, 그럴 수밖에 없었던 것이 밖에서 흙과 함께 노는 시간이 많았다. 통 안에 혼자서 꼼지락꼼지락 잘 놀았다고 한다. 성인이 되고 어린 시절을 회상해 보니 부모님에게 "안 돼, 하지 마!" 이런 소리를 들어본 기억이 없었다. 부모님은 귤 농사를 지으셨고, 집 짓는 일을 하시며 바쁘게 지내셨다. 위험한 놀이도 "한번 해봐!" 하시며 부모님께서 사다리를 잡아주셨던 기억이 난다. 한 살 많은 작은 오빠와 2층에 연결돼 있는 분리된 높은 사다리를 오르락내리락 놀기도 하고, 간혹 부모님의 일을 도와드리곤 했다. 부모님께서 바쁘셨던 탓에 위험한 놀이를 할 수 있었던 기회가 주어졌었다. 우리 아이들에게 내가 커왔던 대로 '마음 놓고 과감히 놀라고 할 수 있을까?' 생각해본다. 저자의 나이 또래에 해보지 않았던 경험인 망치질, 삽질, 톱질을 하며 위험하게 놀았던 기억이 난다. 부모님의 일터가 곧 놀이터인 셈이었다.

저자의 삼 남매는 협력놀이를 통해 동생과 사이가 좋지 않았더라도 위험에 처하면 고민 없이 도와준다. 작은 위험을 감수하면서 협력자로 위험을 헤쳐나가면서 사이가 돈독해짐을 느꼈다. 서로가 협력해 작은 위험을 해결하면, 고마운 마음으로 서로를 이해하며 응집력이 생겼다. 대신 어떻게 해야 안전하게 사용할 수 있는지 이게 어떻게 위험한지 인지가 됐을 때 톱을 주고, 망치를 사용할 수 있게 해줬다. 저자의 아이들은 작은 위험을 모험하는 아이들로 키우고 있다.

우리는 살면서 수많은 문제들과 직면하며 살아가고 있다. 시험, 관계의 어려움, 소심한 성격이나 타인의 공격으로 인한 상처, 질병이나 사고로 인한 좌절을 딛고 일어설 수 있는 법을 알려줘야 한다. 저자의 아이들은 작은 위험을 감수하며 내면의 힘을 키우기 위해 노력하고 있다. 첫째 아이는 무엇이든 도전적으로 배움을 즐긴다. 둘째 아이는 뛰지 못하고, 겁이 많아도 무엇이든 도전하려는 용기가 있다. 셋째 아이는 작은 위험과 모험을 즐기며 하지 말아야 할 것과 해야 할 것을 배우고 있다. 이렇게 실내, 실외에서 작은 위험을 감수하며 놀았던 아이들은 오히려 공부할 때 집중력이 높은 것을 볼 수 있었다. 자기 주도적으로 작은 위험을 감수하며 좌절하고 또다시 도전할 수 있는 힘이 생긴다.

우리 아이들의 공부는 아이들을 가르치는 일이 진심인 교육 전문가인 원장님과 전문가 선생님을 믿고, 원장님의 성장하시는 모습을 보고 공부의 목적을 알아간다. 아이가 공부에 흥미 없을 때는 함께 소통하고, 함께 책을 읽으며, 의견을 나누고 하브루타를 한다. 우리 부부는 모르는 문제가 있으며 함께 풀어보며, 함께 고민하고 아이들에게 관심을 쏟는다. 조금 더 나은 길을 선택해서 옳은 길로 갈 수 있도록 우리 부부의 숨은 의도대로 아이들은 성장해나가고 있다.

남달랐던 어린 시절을 경험하고 이젠 자라온 환경과 다른 도시에 살고 있는 서울 아줌마가 됐다. 자유롭게 놀았던 어린 시절의 좋았던 추억, 나빴던 추억은 삶이 힘들 때 저자를 올바른 길로 선택할 수 있도록 도왔다. 현재 저자는 우리 아이들을 힘든 일이 생겨도 어려운 풍파를 이겨낼 수 있는 자존감 높은 아이로 키우고 있다. 그러기 위해 저자가 과거에 그랬듯 놀이에서 인생을 배워나가게 하도록 노력하고 있다.

아이들은 자연을 벗 삼아 낙엽 위에서 뒹굴고, 나뭇가지로 집을 짓고, 나뭇가지를 모아 놓고 올라가 자기의 한계를 실험하며 살아간다. 돌멩이를 들어 자기가 상상한 세계에서 직접 체험하고 몸으로 직접 부딪히며 할 수 있는 것과 없는 것을 알아간다. 함께 요리하며 칼질하는 법을 배우고, 날카로운 톱으로 나무를 쓱싹쓱싹 톱질하며 한계가 어디까지인지 문제를 탐색해나갔다. 상상의 세상을 스토리로 꾸며내는 자기 세상을 펼치며 역할극에 빠지기도 했다. 산길에서 아들을 앞장세워 대장 놀이도 하며 나무를 헤쳐가고 앞길을 찾아 앞을 내다보고 낙엽을 밟으며 균형 잡고 기어오르는 등 자기 몸을 사용하는 체험으로 '오늘도 해냈다'라는 성취감으로 자신을 알아갔다.

우리 부부의 포지셔닝은 아빠는 자상함과 섬세한 부분 그리고 좋아하는 일에 최선을 다하는 모습으로 아빠의 자리에서 성장하는 모습을 보여주고 있다. 저자는 작은 위험을 감수하며 아이들과 놀이에서 함께하는 즐거움을 찾아가며 엄마의 자리에서 성장하며 아이들과 소통하며 지내고 있다. 아이들을 키우기 위해 모두 협력으로 원만한 관계를 찾아가길 바란다.

열심히 하지 말고
다르게 하는 아이로 키워라

지식보다 중요한 것은 상상력이다.

- 알버트 아인슈타인(Albert Einstein)

노벨 수상자들 그리고 세상을 다른 관점으로 바라보고 다르게 사는 사람들의 공통점은 높은 지능이 아니라 뛰어난 창의력이었다. 산만하고 엉뚱해도 오히려 아이가 남과 다르다는 것, 남과 다른 튀는 생각을 할 수 있도록 이끌어줘야 한다.

신체 움직임으로 뇌는 발달을 하고, 협력놀이로 자신을 발견한다. 아이는 신체의 움직임으로 세상을 이해하기 위한 감각 정보를 통합시켜 관계를 배워나간다. 처음엔 서로를 알아가는 단계에서 근육운동을 조정하며, 친구들의 생각이 확장해간다.

처음에는 관계를 이루는데 또 다른 나와 마주해 당황할 수 있다. 하지만, 친구들과 세상에서 잘 어울리고 다르게 크는 아이는 협력놀이로 생각을 공유하고 생각을 말로 자유롭게 표현한다. 서로의 말과 행동에 대해 수용해줄 수 있다면 다르게 키워 나갈 수 있다.

아이들이 집에서 놀 때는 '뭘 하고 놀지'가 되지만, 밖에서 놀 때는 '어떻게 놀아야지' 하고 생각하게 된다. '어떻게'라는 생각으로 주위를 둘러보고 다른 생각을 할 수밖에 없다. 집에서와 똑같은 장난감을 가지고도 제한적인 장소, 제한적인 놀이가 된다.

우리 가족은 캠핑을 좋아한다. 캠핑장에서 만난 새로운 아이들과 새로운 놀이를 하며, 새로운 성격이 생기고 이뤄졌다. 익숙한 장소, 익숙한 놀이기구보다 새로운 공간, 새로운 대상자를 만났을 때 새로움은 아이들의 뇌에 새로움 센서가 켜져 다르게 생각하는 아이로 성장해갔다.

수업시간에 아이들이 생각의 틀을 벗어날 수 있게 도움을 주고 싶었다. 처음에 아이들은 답을 찾으려 했고, 실수하고 싶지 않아서 애썼다. "협력놀이 시간은 답이 없는 시간이다"라고 이야기하며 아이들의 생각을 틀을 다른 관점으로 바라볼 수 있도록 애썼다.

다르게 생각하는 아이를 칭찬한다

우리는 너무 정답을 추구하며 삶을 살아간다. 하지만 앞으로 나아가고자 할 때 이미 정해놓은 기준으로 사고하게 된다면, 우리의 뇌는 사고 기준대로 사고하고, 멈춰버리게 된다. 협력놀이에서 수업시간 규율, 규칙은 중요하다. 나는 안전을 위한 규칙 빼고는 느슨한 수업을 만들고 싶었다. 수업 분위기는 어수선할 수도 있다.

중요한 규칙만 빼고 자유롭게 진행하고 싶었지만, 안전이 늘 최우선이라고 생각했다. "안전하게 놀이하려면 어떻게 해야 할까?" 질문을 던지며, 아이들이 규칙을 만들어갔던 시간도 있었다. 정해놓은 틀에 아이들을 끼워 맞추는 것이 아니라 아이들이 정한 규칙에 틀을 맞췄다. 아이들이 정해놓은 규칙을 더 잘 지켜나가는 것을 알 수 있었다. 내가 이야기할 때 아이들은 시끌벅적할 때도 있다. 수업 때마다 아이들에게 자기 생각, 말, 행동에 책임지는 사람으로 성장해야 한다고 말했고, 아이들은 잘 따라와줬다.

수업시간에 엉뚱한 생각과 말을 하는 친구들이 있다. 그럴 때 나는 칭찬해줬다. "아주 좋은 생각이야!", "친구의 생각이 그렇다면 한번 친구 생각대로 적용해봐!", "맞아!", "그럴 수 있겠다", "기발한 생각이야!", "가능할 거 같아"라는 말들로 아이들이 손 들고 발표하는 일이 즐겁다는 것을 알려주고 싶었다.

엉뚱한 대답을 하는 아이

아이들이 주제에 맞지 않는 이야기를 해도 이 또한 수용하는 자세가 필요하다. 아이들은 용기내어 이야기하기 때문이다. "손 들고 용기내줘서 고마워!", "대단한 용기야!", "친구가 생각했을 때 그럴 수 있어!", "충분히 그런 말이 나올 거 같아"라는 말을 해줬다. 주제를 벗어난 이야기를 해도 격려로 아이들은 손 들 수 있는 용기를 얻었다. 오히려 "그건 답이 아니잖아"라고 콕 집어 이야기하는 주변의 친구들도 있다. 그런데 저자는 용기내어 이야기한 친구의 민망함을 알기에 "괜찮아!", "중요한 건 손을 들고 발표를 했다는 거야!" 용기에 응원을 해주려고 노력했다.

저자는 초등학교 시절에 손 들고 발표하는 것도 가슴이 두근거려 하지 못했던 사람이다. 그런 아이들의 마음을 잘 알기에 극복하려면 용기내어 손 들고 무조건 발표하는 연습밖에 없다. 하브루타 부모교육연구소에서 무조건 손 들고 발표하는 연습을 했다. 엉뚱한 대답에도 김금선 소장님은 "그렇군요. 그럴 수 있어요" 하고 다 받아주셨다. 내 생각을 다른 사람과 적용하면서 손을 들고 발표하다 보니 긴장이 풀리고 발표에 자신감이 생겼다.

아이들이 발표했을 때 손을 들고 발표하는 연습을 해야 핵심을 이야기할 수 있는 사람으로 성장한다. 긴장을 낮출 수 있도록 경험을 쌓아야 한다. 틀리든 맞든 무조건 부딪히다 보면 어제보다 나은 오늘로 성장할 수 있다. 저자가 한책협에서 짧은 시간에 글쓰기 특훈을 받고, 많은 사람 앞에서 마이크를 잡으며, 줌 강의와 강의를 다닐 수 있는 것도 이런 과정을 겪으며 듣는 사람의 인정, 수용, 적용이 있었기 때문에 가능했다. 아이들은 자기의 생각을 행동으로 또는 말로 하면서 그에 대한 보상으로 저자가 인정, 수용, 적용을 해주면 자신은 보상받았다고 생각한다. 엉뚱한 대답을 하더라도 인정, 수용, 적용으로 우리 아이들을 멋지게 성장시켜야 한다.

아이들의 생각이 수업의 재료다

협력놀이 수업 동안 아이들의 생각이 재료라고 생각하며 생각을 그대로 휘발성으로 날려 보내지 않으려고 노력했다. 아이들의 생각이 재료라고 생각하고, 내가 준비한 재료는 다른 방법으로 즉흥적으로 바꿔 수업을 진행한 적 있었다. 내가 구상한 수업을 제시하기도 했지만, 아이들은 "이렇게 해도 돼요?"라고 놀이를 변형해 자신이 하고 싶은 방법이 있다면 즉흥적으로 바꿔서 실행하기도 했다. 아이들의 생각이 모이니 같은 재료라도 다양한 방법으로 할 수 있었다. 고학년보다 저학년 아이들이 생각을 막힘이 없이 자유롭게 표현했다. 자신의 아이디어를 놀이로 적용해가며 만들어가는 것도 재미있는 과정이다. '내 생각이 친구들이랑 통하네'라고 생각하면 자기효능감이 높아져 내가 가치가 있는 사람이라고 생각을 하게 된다.

아이들은 상상하며 모든 가능성을 열어 놓고 수업에 적용시켰다. 우리 어른들은 사고가 말랑말랑한 아이들 상상력을 따라갈 수 없다. '1+1=2'와 같은 공식에 정해진 답을 맞히는 게 아니라 '1+1이 왜 2가 될까?' 같이 생각을 말로 설명하는 아이들이 됐으면 한다.

집에서 아이들과 놀이를 하면서 느낀다. 아들과 딸은 성별에 따라 타고나지만, 아들같이 와일드한 행동파 딸이 있고, 딸같이 섬세한 아들이 있다. 주어진 환경에 따라 대처해야 하는 방법도 다르고, 가정 환경에 따라 다르게 커간다. 관계에서 오는 개인적인 경험이 다르기 때문이다. 내 기질과 아이의 기질을 안다면 부족한 부분을 수월하게 대처하며 살아갈 수 있다. 저자는 아이들의 생각을 적용하고 놀이가 더 풍성해짐을 느꼈다. 저자도 자연과 함께 더불어 살아서 남들보다 4차원 생각으로 엉뚱하고 호기심으로 삶을 살아간다. 그런데도 아이들의 상상력을 따라갈 수가 없다.

저자는 아이들에게 이것저것 장난감 선물을 해봤다. 하지만 새로운 선물은 3일 갖고 논다. 일주일을 갖고 노는 것을 못 봤다. 이젠 물건을 사주는 것도 신중해졌다. 물질적 욕구를 채워주려면 한도 끝도 없었다. 물질적인 욕구는 점점 커져만 갔고, 만족도 그때뿐이라는 것을 알았다. 저자의 집에서 TV는 주말에 1시간 시청할 수 있다. 그랬더니 아이들은 놀이에 관심을 두고 놀이에 집중하기 시작했다. 스스로 배움을 찾아다니며 내가 무엇에 관심을 두는지, 무엇을 좋아하는지, 좋아하고 잘하는 일을 찾아다니며 취미생활에 집중할 수 있었다. 자신이 좋아하는 분야 내용을 요약해 미니 북을 만들고, 책을 요약하고, 학습에 도움을 주는 노래 가사를 적고 서로 주고받으며 노래를 부른다. 그리고 피아노를 치며 팝송을 연습하기 시작했다. 시간을 때우는 것이 아니라 자신의 시간을 채우며 아이들은 자신이 궁금하고, 하고 싶은 놀이를 하며 찾아다녔다.

그럴 수 있는 이유는 아이들은 숙제하고 남은 시간은 자유 시간이다. 우리 집의 문화는 독서와 놀이 그리고 대화로 채워나간다. 때로는 다른 집 다둥이 가족처럼 소리를 지르고, 싸우기도 한다. 그리고 자기들끼리 화해하는 속도도 빠르다. 협력놀이로 세상과 잘 어울리는 아이로 키우려면, 스스로 배움을 찾는 아이를 바란다면 먼저 놀이할 때 답을 찾는 것이 아니라 아이가 궁금한 질문을 따라가게 해서 자신만의 강점을 찾아줘야 한다.

스스로 배움을 찾는 아이로 바라게 하라

우리 아이들이 살아갈 시대는 한 사람이 평생 100개의 시간제 직업을 갖게 될 것으로 예견하고 있다. 하나의 전공을 가지고 평생 고용되는 평생직장의 개념은 사라지고, '사회, 기술, 문화'의 변화에 따라 유연하게 고용되는 고용 가능 개념으로의 변화가 이뤄진다고 보고 있다.

'상상하며 창의적 아이디어를 기술, 지식, 제품과 연계하고 융합해 혁신적인 실체로 구현하는 역량'이 가장 중요한 핵심요소가 될 것이다. 4차 산업혁명 시기는 여러 가지 일을 스스로 선택하고 찾아 자신의 강점을 살려 멀티가 돼야 하는 시대다.

스스로 배움을 찾는 아이를 바란다면 사랑을 줘라

우리가 살아가면서 필요한 건 의식주다. 생명을 유지하기 위해 필요한 것이다. 아이가 살아가면서 정신을 건강하게 유지하기 위한 일도 중요하다. 그것이 사랑이다. 사랑이 있어야 아이가 편안한 마음으로 행복하게 살아갈 수 있다. 의식주가 만족스러워도 사랑이 결핍되면 스스로 자신을 믿으며 살아갈 수 없다. 육체는 밥을 먹고 살아가지만, 마음은 사랑을 먹고 살아간다. 아이를 사랑하지만 표현하지 않으면 자신을 사랑하는지 모른다. 표현해야 아이는 자신이 사랑받는 존재라는 것을 알아간다. 몸과 마음이 편할 때 긍정적인 마음이 일어나고, 남에게 그 사랑을 나눠줄 수 있는 여유가 생긴다. 만약 아이를 사랑스러운 눈빛으로 바라볼 수 없다면 몸과 마음이 많이 지쳐 있는지 나를 먼저 돌아봐야 한다. 가족과 함께 상의하고 충분히 휴식을 취하며 내 몸과 마음의 체력을 길러야 한다. 양육자의 몸과 마음이 건강하다면 아이에게 사랑을 주는 일은 부담이 아니다. 아이들도 행복하고, 즐거운 마음으로 배움을 찾아갈 수 있다.

아이에게 많이 웃어주고, 안아주자. 자주 "사랑한다"라고 말해주자. 스킨십도 많이 하자. 저자는 자녀의 볼, 머리, 등을 많이 쓰다듬어 주는 편이지만, 아이마다 스킨십이 다르기 때문에 아이와 함께 정하자.

스스로 배움을 찾는 아이,
스스로 통제할 수 있는 법을 알려줘라

통제에는 내가 스스로 통제하는 자율통제가 있고, 타인(양육자)이 통제하는 타율통제가 있다. 사람은 누구나 자유를 좋아하고 타인에게 통제받는 건 부정적으로 받아들인다. 하지만 사람 사는 곳에 적적절한 자율통제와 타율통제는 모두 필요하다. 적절한 비율로 아이가 올바른 길로 갈 수 없다면 타율통제로 올바른 길로 안내하는 것이 보호자의 역할이다. 무조건 아이가 스스로 통제하고, 아이의 생각을 따른다면 쉬운 길, 편한 길을 선택해서 나쁜 길로 빠지기 쉽다. 이럴 때 보호자가 옳은 길로 갈 수 있도록 안내자의 역할을 해야 한다.

물론 이는 상황에 따라 다르다. 아이의 선택을 존중해주지만, 중요한 부분은 양육자의 선택으로 아이를 이끌어 와야 하는 경우도 있다. 왜냐하면, 내면의 힘이 약하기 때문에 자율통제를 주면 그 권한을 제대로 활용하지 못한다. 아이가 권한을 늘렸다 좁혔다 조절하며 스스로 통제해 자기 주도적으로 살아갈 수 있도록 도움을 줘야 한다.

중간에 스스로 통제할 수 없고, 규율, 규칙, 법이 없다면 무법지대 세상을 살아갈 것이다. 규율, 규칙, 법이 있기에 사람들이 좋은 세상을 만들어갈 수 있다. 적절한 통제를 하며 어떻게 생각하고,

어떻게 말하고, 어떻게 행동하는지 제대로 배우지 못한다면, 스스로 통제를 하지 못하고 다른 사람들에게 피해를 주게 된다. 처음부터 나쁜 사람, 좋은 사람은 없지만 선택의 길에서 좋은 선택은 좋은 길로 안내가 되고 나쁜 선택은 나쁜 길로 안내가 된다. 선택의 길에서 스스로 통제해나간다면, 옳은 길인지 그른 길인지 아이가 스스로 판단하고 스스로 좋은 길로 나아 갈 수 있다.

그러기 위해 스스로 어떻게 생각하고, 말하고, 행동해야 하는지 양육자가 격려와 응원으로 좋은 길로 안내하며 살아가야 한다. 스스로 통제할 수 있는 사람으로 성장시키기 위해서는 당장 눈앞의 이익만 보며 나쁜 선택을 하는 것이 아니라 아이의 미래를 장기적으로 봤을 때 이익인 일을 선택할 수 있어야 한다. 그리고 올바르게 좋은 길로 이끌어줘야 한다. 아이 스스로 모든 통제를 할 수가 없다.

아이가 양육자가 만들어놓은 길을 모두 다 따라간다면 자기 주도적 삶을 살아갈 수 없다. 현대판 헬리콥터 양육자로 인해 아이는 선택 장애로 설 자리가 없다. 자율통제가 돼야 한다. 그렇다고 아이들에게 자유롭게 선택을 맡기면 선택의 경험이 없어 오류가 일어날 수 있다. 그래서 잘못하다가 방임형 양육자가 될 수 있다. 아이 스스로 자율과 타율을 적당하게 적용할 수 있도록 아이의 권한을 줬다 늘렸다 해 나간다.

우리가 살아온 세상과 앞으로 우리 아이들이 살아갈 세상은 너무 다르다. 대비 없이 보냈던 몇 년 전은 불안하고, 어떻게 해줘야 할지 막막했다. 현재는 배움을 즐거워하고 스스로 궁금한 것을 찾아가는 아이들을 보면서 마음이 놓인다. 예전엔 무엇을 하든 질문이라고 할 수 없는 유도 질문을 하며 내가 하고자 하는 길로 이끌어 갔다. 강제로 아이들에게 "이렇게 해라, 저렇게 해라" 강요하며 살아갔었다. 그래서 아이들의 행복한 얼굴은 찾아볼 수가 없었다. 이런 양육 태도를 고수하면 아이가 사춘기가 되었을 때 부모와 멀어지고 앙숙처럼 지내는 모습을 보고 충격을 받았다. 엄마들은 하나같이 공통된 말을 했다. "내가 자기한테 어떻게 했는데." 타율통제로 아이가 선택을 잘할 수 없지만 최고의 선택을 하기 위해 서로 소통하며 더 나은 길로 안내해줄 수는 있다. 왜 필요한지 그리고 아이들이 배움을 스스로 깨닫기 전에는 이뤄질 수 없음을 느꼈다.

저자도 자기 주도적으로 스스로 통제하고, 선택할 수 있었던 것은 사회생활을 하고부터였다. 어른이 돼서 스스로 통제하며 살아온 날이 얼마 되지 않는다. 이전의 삶은 스스로 사고하지 않고 주어진 대로 남의 생각이 내 생각인 줄 착각하고 살아왔다. 20대 초반 취업하며, 기아자동차 화성공장 보안 일을 하면서 작은 경제적 여유로움이 시작됐다. 자기계발을 하고 스스로 배움을 찾아다니며 내 꿈과 가까이 가려고 했었다. 내가 좋아하고 잘하는 일을 찾기 위한 수단이었다. 현재도 배움에 돈을 아끼지 않는다. 스스로 부족한 지식과 지혜를 채워가며 질문을 찾고 질문의 답을 찾아다니면서 삶의 의미를 찾아갔다.

'부모는 아이들이 보고, 배울 수 있는 가까운 멘토다.'

양육자는 스스로 배움을 찾는 아이로 성장시키기 위해 먼저 스스로 배움을 찾아다녀야 한다. 저자는 엄마의 자리에서 좋아하고 잘하는 일을 찾아다니며, 아이 앞에서 솔선수범하면서 멘토 같은 엄마가 되기 위해 성장을 멈추지 않을 것이다. 양육자가 스스로 성장하는 멘토가 된다면, 아이 또한 스스로 배움을 찾고 배울 것이라고 생각한다. 지식과 지혜를 쌓기 위해 시행착오를 겪고 있지만, 아이들의 시행착오를 줄이기 위해 많은 경험으로 스스로 생각하고, 말하고, 행동하는 아이로 성장시키고 있다.

벌써 오래전 일인데, 아들을 키우면서 내 멘탈이 흔들렸던 적이 있다. 아들이 생후 6개월일 무렵 큰 트라우마가 생겼다. 그 이후로 나는 아들을 바라보는 눈이 달라졌다는 것을 아들에 대해 공부하면서 뒤늦게 알게 됐다. 새벽 2시경 잠을 자야 할 시간인데 옆에 아들이 없어졌다. 가슴이 철렁 내려앉아 벌떡 일어나 찾아 나섰다. 그런데 아이가 혼자서 어두컴컴한 화장실에서 변기 솔을 탐색하고 있었다. 오전에 화장실 청소를 하며 "지지, 만지면 안 돼!"라고 했던 말이 떠올랐다. 새벽에 아들이 사라져 한 번 철렁 내려앉았고, 변기 솔을 만져서 두 번 놀랐다. 소리를 고래고래 지를 수 없었다. 누나들이 자고 있었다. 모든 다 입으로 탐색하는 시기에 왜 하필 많고 많은 장난감 중 변기 솔이었을까? 호기심이 많은 아이는 스스로 배움을 찾아 나선 것이다.

이 아이는 호기심 덩어리 행동형 아이라는 것을 이땐 몰랐다. 무엇이든 궁금하면 행동으로 옮겨 바로 실행한다. 뒤에 일어날 일은 계산하지 않는다. 그리고 사고를 치면 누가 그랬냐는 듯 모르쇠로 다른 활동을 한다. 지금 이 아이가 7살이 됐다. 호기심이 많으니 탐색하고 스스로 배움을 찾는 아이로 커가고 있다. 완벽하지는 않지만 자율통제로 실수와 실패를 거듭하며 아들 스스로 배움을 찾고, 말도 잘하고 우리 집에서 사회성이 제일 좋은 아이로 성장하고 있다. 아직 행동이 먼저 나가긴 하지만 관점을 바꿔 이 아이의 행동을 바라보면 엄마의 심부름을 제일 빠르게 도와주고, 10kg 쌀가마도 아들이 날라준다.

이렇게 막내가 컸다. 이젠 아이들이 놀이, 공부, 독서로 자기 스스로 좋아하고 잘하는 일을 찾아다닌다. 원고에 매진할 수 있었던 것도 아이들이 자기 스스로 배움을 찾고 똘똘 뭉쳐 협동해 놀이하며, 책을 읽고, 요리하며 함께하는 즐거움을 알았기 때문이다. 이 책을 1개월 만에 초고를 완성할 수 있었던 것도 아이들이 자기 자리에서 협동해 함께 즐거운 시간을 보내준 덕택이다. 또한, 내 무한한 능력을 알게 해준 한책협 김태광 대표님, 권동희 대표님, 주이슬 코치님 등이 동기 부여를 해주신 덕분이기도 하다. 또한 여러 작가님의 응원으로 초고를 완성할 수 있었다. 감사한 마음을 전한다.

교실 밖에서 놀게 하라

སྐ

통계청 조사에 의하면 우리나라 고등학생은 평균 10시간, 중학생은 평균 8시간, 초등학생은 평균 7시간을 공부하는 데 쓰며, 주입식 교육으로 대입시험을 보기 위해 12년을 공부한다. 하지만 정말 필요한 개념교육이 돼 있지 않아 사회생활에서 사람과의 관계가 힘들어진다. 지식을 쌓는 일은 중요하다. 하지만 지식만 쌓아선 경쟁력이 생기지 않는다. 남들과 다른 생각으로 '지식+지혜'를 쌓아가야 한다. 《9가지 자녀 교육의 법칙》에 따르면, 아이들의 놀이가 퇴행되면 자위행위가 나타나기 시작한다. 유희의 도구가 사라지면서 손쉬운 쾌락의 방법으로 자위를 택하게 되는 것이다. 아이들이 어릴 때 실컷 활동적인 놀이를 할 수 있도록 시간과 공간을 마련해 줘야 한다.

대한민국 아이들의 71.3%가 밖이 아닌 집 안에서 논다. EBS 〈놀이의 힘〉에서 놀이의 후퇴를 보여주는 세이브더칠드런의 설문 조사가 놀라웠다. 컴퓨터, 스마트폰은 우리에게 유익한 정보를 빠르게 정보를 전달할 수 있는 수단으로 많은 편의성을 가지고 있다. 그 반대로 해로움도 갖고 있다는 사실을 잘 알고 있을 것이다. 정보가 좋은 정보만 있는 것이 아니기에 방 안에서 나오지 않고 혼자 동굴생활을 한다면 한없이 컴컴한 동굴을 들어가고 또 들어가게 된다. 이런 동굴의 세계에서 빠져나올 수 없는 건 정신세계가 컴컴한 동굴에 빠져들어 가고 있기 때문이다.

아이들은 땀 흘리며 자신이 주도하는 놀이를 하며 진짜 놀이에 몰입해야 한다. 아이들의 정신세계는 맑은 하늘을 보고, 넓은 곳을 멀리 바라볼수록 마음도 넓어지며 멀리 바라보게 된다. 생각의 틀을 가두지 않고 자신이 던진 물음표를 따라갈 수 있도록 어른인 우리가 끌어올려 줘야 한다. 교실 밖에서 친구들과 제한 없이 마음껏 뛰어놀며 건전한 문화생활을 할 수 있게 마련해줘야 한다.

협력놀이로 운동장에 선 아이들

아이들과 협력놀이로 밖에서 연날리기와 물총놀이는 꼭 해주고 싶었다. 바람을 느끼며 탐색하고 꼬리에 꼬리를 물며 스스로 느끼는 시간이었다. 자연 속에서 아이들이 정서적으로 안정을 찾아가고 있음을 느꼈다. 계절의 변화를 아이들은 제일 크게 느꼈다. 자연의 변화를 체감하며 "날씨가 아침에 갑자기 추워졌어요"라고 말하며 외투를 걸쳐야 함을 알아간다. 운동장에서 뛰어놀 때는 샌들을 신으면 모래가 들어가 불편하니 "다음에는 샌들을 신고 오면 안 되겠어요"라고 스스로 다짐하기도 한다.

아무것도 아니지만, 아이들은 자연에서 놀았을 때 스스로 생각해 불편함에 대처하는 능력이 생긴다. 마음껏 뛰어놀았으니 가슴도 뻥 뚫린 기분이다. 뛰어놀아서 두근거리는 심장은 긴장을 완화시키고, 스트레스를 해소시켜준다. 틀에 갇힌 생각도 틀 밖에서 생각할 수 있도록 돕는다. 실내놀이도 틀 밖의 생각을 끌어낼 수 있지만, 야외에서 놀았을 때 아이들이 확대된 생각으로 놀 수 있었다. EBS〈놀이의 힘〉 인터뷰에서 독일 프라이부르크시 교육청장 베어나 나겔은 "장난감으로 놀 때는 뭘 하고 놀지 고민하지만, 밖에서 놀 때는 어떻게 놀아야 할지를 생각해야 합니다"라고 말했다.

학교에서 친구들과 물총놀이를 해봤다는 것은 특별한 경험이다. 가을에 진행했던 놀이라 '어떻게 하면 친구들 옷이 젖지 않을까?'라는 주제를 갖고 물총놀이를 했다. 운동장에 나올 땐 샌들을 신으면 모래가 샌들 안으로 들어가 불편하다는 사실도 알았고, 스스로 물총에 물도 담아 보고 멀리 물을 뿌리기도 해보고, 하늘 높이 쏘아 올리면 내가 맞는 사실도 알았다. 멀리 마음껏 쏘아 멀리 보냈다.

식물에게 물을 주며 나무와 꽃들에게 이야기를 나누는 아이들도 있었다. 누가 멀리 물을 보내는지, 어떻게 하면 친구들 옷이 젖지 않을 수 있는지, 친구들에게 불편함을 주지 않으려고 자기절제를 알아가며 놀이했다. 저자는 단체수업을 공동체수업으로 이끌어 규율, 규칙을 적용했고, 놀이의 목적은 협력이었다. 규율, 규칙 안에서도 최대한 아이들의 질문과 아이들의 생각을 놀이로 적용하고, 함께 시간을 만들어갔다.

아들을 강점을 살리기 위해 밖에서 키우기

삼 남매 중 막내로 태어난 아들은 자유로운 영혼이다. 그런데 원칙주의자인 엄마를 만났으니 얼마나 답답했을까? 나는 아들을 키우면서 초췌해지고, 늙어갔다. 주변에서 "그럴 시기야"라는 말에 이론으로는 이해가 되지만 가슴으로 이해하지 못했다. 두 딸이 커왔던 것처럼 온순하게 클 거란 생각에 기대하고 셋째를 낳았다. 그런데 큰 오산이었다. 아들은 어디로 튈지 모르는 럭비공처럼 행동했다. 두 딸과 기질부터가 달라도 너무 달랐다. 아들을 관찰하면 할수록 미궁 속으로 빠져들어 갔다. 아들이 문제라고 생각하는 순간 내 문제는 보이지 않았다. 아이들을 잘 키우고 싶은 마음으로 다시 아들 공부를 했다. 《아들은 원래 그렇게 태어났다》를 보니 아들은 태어나면서부터 사물을 보는 관점이 달랐다. 남자아이는 처음 태어나 몇 시간 동안 눈앞에 어른거리는 물체에만 만족하고, 여자아이는 사람의 얼굴에 관심을 보인다. 남자아이는 눈과 손발을 같이 움직이는 반응이 더 잘 이뤄진다. 3차원 공간을 쉽게 상상할 수 있다. 여자아이보다 활동적이고 빨리 움직인다.

저자는 기질부터 다른 아들을 딸처럼 키우려고 했었다. 모든 상황이 바뀌어야 한다고 생각한 계기는 문제를 보이지 않던 아들이 스트레스로 인해 등원을 거부하고, 야경증까지 와서였다. 나는 엄마로서 죄책감에 시달리기 시작했다. 둘째 재활을 다녀야 해서 6개월 때부터 어린이집을 보내야 했던 상황 때문에 '애착이 잘 이뤄지지 않아 이 아이가 그런가?' 오만가지 추측들이 나를 괴롭혔다. 하지만 아들 공부 이후 아들을 바라보는 관점을 바꾸기로 했다. 그리고 이 아이를 온전히 키우기 위해 자연을 선택했다. 아들은 지나가는 죄 없는 개미를 밟아 죽이며 즐거워했다. 하지만 지금은 자연과 함께하면서 작은 생명을 소중하게 생각하며 지내고 있다.

삼 남매를 데리고 봄에는 안양천, 놀이터, 넓은 공터에서 그냥 신나게 뛰어놀게 해줬다. 더운 여름에는 계곡을 다니고 계곡에서 물총놀이도 하고 발을 담그며 더위를 식혔다. 가을이면 자전거를 타고 바람을 맞으며 계절을 느꼈다. 겨울이면 작은 산을 찾아 돌멩이도 굴리고 나무를 모아 톱질도 하고 집을 짓는 놀이에 빠졌다. 그러면서 아이가 원하는 자유롭고 주도적으로 신체를 활용할 수 있는 공간으로 펼칠 수 있게 도왔다. 아들의 기질에 맞게 아들을 대하려 노력하고 있다. 자연에서 누나들과 함께 남을 배려하는 성격을 배우고 있다. 또래 친구들과 함께 만들어간다면 더할 나위 없이 성장할 것이다.

저자는 놀이에 진심인 사람이라 놀이의 철학은 확고한 사람이다. 아이들이 처음에 어떻게 놀아야 할지 모를 때가 있다. 우리 아이들도 처음부터 잘 놀았던 건 아니다. 이런저런 방법을 제안하며 놀이의 힌트를 제공해준다. 처음에는 시큰둥한 반응을 보이지만 자신이 어떻게 놀아야지 깨닫는 순간 내 역할은 없다. 아이들이 안전하게 노는지 보호자 관람모드로 아이들의 노는 모습을 보면서 흐뭇한 표정을 지으며 제스처와 박수를 쳐주는 일밖에 없다. 놀이의 제안에 아이들의 생각이 더해지면 아이는 자기 상상을 이용해 놀이에 몰입할 수 있게 된다. 부모는 한 발자국 뒤로 물러서서 아이들이 상상을 펼칠 수 있게 놀이에 제안을 해주지만 개입하거나 참견하지 않았으면 한다.

어떻게 아이들 세 명을 데리고 계곡을 가냐며 위험하겠다는 분들도 있지만 생각했던 것보다 그렇지 않았다. 가기 전 아이들과 약속을 받아낸다. 현장에서 3번의 기회를 준다. 다른 사람에게 피해를 주거나 무례한 행동을 하거나 자기 멋대로 행동을 한다면, 저자는 고민 없이 바로 집으로 다시 돌아간다. 어릴 때부터 엄마의 단호한 성격을 알았던 아이들이었지만, 아들은 이 규칙을 적용하기 위해 3번 정도 집으로 돌아갔던 적이 있었다. 이 기억으로 돌아온 날은 기분이 좋지 않았지만, 이 기회로 '다른 사람에게 불편을 주는 행동을 하면 안 되는 거구나'라고 알고, 이젠 다른 사람에게 피해를 주지 않고 원만하게 지낼 수 있다.

우리는 아는 만큼 아이들에게 해줄 수 있다. 아들을 통해 많은 것을 배웠다. 아들이 문제가 아니라 아들을 바라보는 나의 시선이 잘못된 것이었다. 아이는 자유로운 영혼으로 에너지도 넘쳐났다. 아들은 하루에 사용해야 하는 에너지가 다르다. 하루에 써야 하는 에너지를 사용하지 않으면 뇌가 심심함을 못 참아 아이는 호기심을 채우기 위해 행동하게 된다. 행동형이고, 에너지 넘치는 아이는 교실 밖에서 원 없이 뛰어놀게 하자. 스스로 자기 주도적으로 어떻게 놀아야 하는지 아는 아이들로 성장하게 된다.

아이의 미래를 위한
가장 큰 선물은 협력놀이다

인류는 지구 생명체 중 가장 똑똑한 동물이다. 다른 동물들보다 뇌가 크고, 도구를 사용할 줄 안다. 여러 인류가 공존했지만 어떤 시점이 돼 단 한 종류밖에 살아남지 못했다. 인간은 복잡한 사회구조에서 빠르게 적응해왔지만, AI 시대인 지금은 인공지능과 협력해 공존하는 사회를 만들어가야 한다. 또한, 살아가면서 AI의 강점인 지능을 이용해야 한다. 인간은 창의력, 정서지능, 윤리의식, 인도주의라는 강점이 있고, 기계는 명쾌한 추론, 빅데이터 처리, 공평함, 지구력이 있다. 인간은 AI와 경쟁자가 아니라 협력관계라고 생각해야 한다. 기술은 좋은 일에 쓰여야지 나쁜 일에 쓰이면 안 된다. 인간의 지적활동을 대신할 수 있는 AI 시대에 나쁜 곳에 이용되면 나쁜 것이 되겠고, 좋은 곳에 쓰면 인공지능과 함께 협력해가면서 사회에 문제가 되지 않는다.

인간은 인공지능과 좋은 쪽으로 협력하며 살아가야 한다. 이러한 시대에 우리 아이들에게 더 중요한 것은 인문학, 정서, 생각할 수 있는 일, 질문하며 성장하는 것이다. 앞으로 살아갈 아이들의 세상은 사람과 사람 간의 협력뿐만 아니라 AI와 인간의 협력능력도 키워야 한다.

인공지능과 공존하는 세상에서 아이들이 선하게 성장하길 바라는 마음에 협력놀이를 할 때는 아이들의 부정적인 감정을 공감해주며 함께 이끌어가고자 노력했다. 한번은 수업시간에 한 남자 학생이 화가 잔뜩 나 얼굴은 일그러지고, 부동자세로 있었다. "나 안 할래요"라며 나에게 도움을 요청했다. 나는 이 아이에게 다가가 어떻게 해줘야 할지 고민했다. 친구들 앞에서 이야기할 상황이 아니었다. 옆으로 따로 불러 남학생의 이야기를 들어줬다. 아이는 너무 화가 나고 속상해 울면서 이야기했다. 남학생은 다른 친구들이 끼어들어서 같이 하고 싶지 않다고 말해줬다.

"네가 이야기할 때 친구들이 기다려주지 않아서 속상했구나?" 먼저 공감해줬다. 차분히 앉아서 기다리며 화를 가라앉히게 하는 동안 친구들은 남자친구가 한 명이 빠져서 힘들어했다. 친구들 모습을 보니 빨리 참여하고 싶었지만, 아이는 자존심이 허락하지 않는 모양이었다. 친구들이 "네 도움이 필요해!", "네가 없어서 안 되는 거야"라고 말했다. 함께 빨리 참여하고 싶어 했던 남자친구는 쭈뼛거렸다. 내가 다시 다가가 "가서 해볼래?"라는 말을 해줬고 아이는 용기 내어 합류에 성공했다. 남자친구가 들어가자 바로 성공을 할 수 있었다.

인간의 따뜻한 감정과 정서를 다루고, 인간과 인간의 관계에서 이어지게 해주는 게 '협력'이다. 인간과 인간의 상호작용에서 하나의 목적을 달성하기 위해서는 협력이 중요하다. 협력은 미래 인재의 핵심 역량으로 이야기되는 중요한 키워드다. 아리스토텔레스 프로젝트, 마이크로소프트, 슬랙과 같은 실리콘밸리 회사들에서 오랫동안 연구 끝에 '좋은 협력의 핵심은 심리적 안정감'이라고 했다. 좋은 협력관계를 유지하고, 심리적 안정감을 가지기 위해서는 '내가 어떤 생각을 하고 있는지, 내가 어떤 의견이 있는지, 내가 우리 팀에 어떻게 자유롭게 이야기를 할 수 있는지'를 생각하고, 의견을 나누며, 자유롭게 대화해야 한다.

앞서 말했던 친구들도 처음엔 친구의 말에 끼어들고 남자친구에게 말할 기회를 주지 않았다. 협력의 기본단계인 경청이 되지 않았다. 아무도 들어주지 않았기 때문에 아이는 자기 말을 무시한다고 생각했다. 막상 이 친구가 나가 남자친구 몫까지 친구들이 하려니 더 힘들었다. 아마 아이들이 남자친구에게 말할 기회만 줬어도 남자친구는 화가 나지 않았을 것이다. 남자친구의 아이디어가 더해져서 마무리는 한 번에 성공할 수 있었다. 자유롭게 이야기했으면 상대는 들어주고 대화가 생각으로 발전 실행이 될 수 있게 해야 한다. 또한, 상대에게 심리적 안정감을 주기 위해 공감해주고 인정해 줘야 한다.

우린 협력하고, 함께 위기를 극복하며 살아왔다. 지금 우리는 복잡한 사회구조에서 살아남기 위해 자존감을 높이고, 개개인의 행복을 추구하며, 지식과 지혜를 쌓고, 협력을 이뤄 살아가야 한다. 인공지능 시대에 우리 아이들을 인재로 키우기 위해서는 어떻게 해야 할까?

이제 협력놀이는 선택과목이 아니라 필수과목이 돼야 한다. 저자는 한국행동교육훈련단 부대표, 협력놀이연구소장으로 있으며, 강사양성과정도 진행하고 있다. 그리고 가족 협력놀이 컨설팅도 하고 있다. 학교에서 협력놀이 수업을 통해 키워드 주제 놀이로 아이들이 긍정과 부정의 여러 내면을 만나게 해줬다. 자신의 긍정과 부정의 내면을 마주하며 감정을 처리하는 능력을 도왔고, 함께 협력할 수 있도록 도구를 활용해 협동을 유도했다. 문제를 해결하기 위해 아이들은 말로 소통해야 했고, 화가 났던 감정, 불편한 감정을 느끼고 말로 표현하고 함께 맞춰나갔다.

지금은 교육제도가 많이 바뀌고 있다. 하지만 현실을 따라가기엔 많은 어려움이 있다. 다행히 아이가 다니는 학교는 혁신교육을 하며, 교장 선생님이 여러 교육제도를 도입하고 있고, 선생님들의 노고에 많은 혜택을 받고 있다. 감사함을 느낀다.

우리 아이의 미래를 위해서는 협력놀이가 답이다. 관계에서 인문학을 배우고, 철학을 배울 수 있다. 함께 직접 경험하며, 자기 것으로 체득할 수 있다는 것이 큰 매력이다.

우리나라 교육제도는 대학입시 제도에 발목이 잡혀 같은 반 친구도 경쟁자로 생각해야 한다. 청소년 시절부터 오로지 혼자 공부하고 혼자 성취하는 우리나라 교육제도에서 타인과 섞이고 어울리면서 협력하는 협력자로 키워내야 한다.

뉴스에서 경제 불균형으로 인한 양극화로 불안한 미래가 그려질 것이라고 한다. 그래서 요즘 세대들은 인생의 기본 개념을 이해하지 못하고, 미래를 두려워해 안정적인 공무원을 지향하며 주어진 삶을 살아간다. 하지만 저자는 더 큰 기회가 오고 있다고 생각한다. 21세기를 살아갈 우리 아이들은 함께 배우고, 성장해야 한다. 자존감을 가지고, 많은 사람과 협력하며, 세상과 잘 어울리는 대담한 아이로 성장시켜야 한다. 저자는 협력놀이에 진심을 담아 많은 아이들이 함께 성장하고 막힘없이 소통하길 원한다. 또한, 온전한 성인으로 자신의 인생을 만들어가면서 좋아하고, 잘하는 일을 하며 자기 주도적으로 살아가길 바란다.

서로가 다르다는 것을
인정할 줄 아는 아이로 키워라

우리는 부모, 환경이 서로 다르게 태어나 각자 다른 규칙을 적용받으며 성장해왔다. 그렇게 성격, 생각, 생김새가 다른 아이들이 모여 지내는 곳이 학교고, 사회는 학원, 교회, 문화 시설 등이 있다. 다문화 아이들도 있어 다름을 인정하지 않으면 소통에 어려움이 크다. 따라서 친구의 생각이 나와 다르다는 것을 인정하도록 지도해야 한다.

콤플렉스가 있다면 자신의 단점을 온전히 받아들여야 한다

서로가 가진 단점을 말하고 함께 이겨내야 한다. 단점을 강점으로 만들어줄 수 있어야 한다. 특히, 서로의 입장에서 생각이 멈추는 것이 아니라 생각을 말로 설명하고, 듣고, 묻고, 답하고, 꼬리에 꼬리를 물어야 한다. 궁금함이 없을 때까지 자신의 단점을 다른 사람에게 이야기했을 때 다름을 인정하기가 편하다. 이렇게 아이들이 생각에서 멈추는 것이 아니라 궁금한 점이 있으면 좁혀가는 과정으로 서로의 입장이 다름을 알아가야 한다. 아이의 마음에서 오는 벽이 있다면 부모와 선생님께 도움을 받고 아이의 마음의 벽을 무너뜨려 줘야 한다. 아이의 상태를 숨김없이 알려야 선생님들도 아이의 상태를 인지하고 도움을 받을 수 있다.

상대와 생각, 해결방법, 실력의 다름을 인정하며 존중한다

협력놀이를 하면서 서로 생각이 다름을 인정하지 못하면 생각을 맞추려다 시간이 다 지나갔었다. 최대한 간결하게 친구들의 의견을 받아들이고 직접 적용해봐야 한다. 또한, 해결하는 방법이 다르면 내 말이 '맞다, 안 맞다, 틀리다, 안 틀리다'로 이견조율이 되지 않는다. 이 또한 친구들의 순서를 정하고 의견을 다양한 방법으로 실행해보고 실패를 반복하면서 우리 팀에 적합한 방법을 골라야 한다. 그리고 마지막으로 실력의 다름은 잘하는 아이에게는 잘한다는 인정을 해주고, 아직 익숙지 않은 친구에게는 격려의 말을 해줘야 서로 상부상조하며 원만하고 폭넓은 인간관계를 맺을 수 있다. 서로의 차이를 인정하지 못하면 열등감이 생길 수도 있고, 싸우기도 한다. 적용, 실행, 인정을 하며 다양한 실패를 많이 해봐야 한다.

〈제3회 세계인성포럼〉에서 김금선 소장은 '사회+학교+가정'이 힘을 모아 아이들을 성장시켜야 한다고 했다. 저자도 아이를 키우면서 같은 생각을 하고 있다. 앞으로도 아이를 성장시키기 위해 우리 아이들뿐만 아니라 행복한 아이들이 많은 세상으로 만들기 위해 노력해나갈 것이다. 선한 영향력을 키우기 위해 저자는 한책협의 도움을 받아 5년 동안 1년에 1권씩 책을 펴내기로 버킷리스트를 작성했다. 아이들이 사랑으로 온전히 클 수 있는 그날까지!

저자의 자녀들이 다니는 학교에서 협력놀이를 진행한 적이 있다. 담임선생님들은 부담되셨겠지만, 학부모가 아닌 아이들과 함께하는 강사로 맡은 바 충실히 열정을 다해 다양한 프로그램을 진행했다. 우리 아이만 잘 키우려고 했다면 학교에서 일도 하지 않았을 것이고, 현재 이렇게 책을 쓰지도 않았다. 우리 아이가 행복해야 주변이 행복하고, 주변 아이들이 행복해야 그 아이들을 만난 아이들이 행복한 관계를 만들 수 있다고 생각했다. 가까운 부모와 함께 소통하며 많은 아이들이 행복으로 가는 길을 함께 만들어가고 싶었다.

학교에서 아이들을 만나면서 내가 무엇을 해야 할지 확신이 섰다. 부모님들과 소통하며 동기부여가가 될 것이고, 강사양성과정으로 전문가 집단을 만들어 사람의 마음에 공감하며, 이 사회와 함께 더불어 선한 영향력을 끼치며 학교, 기관, 조직을 활성화해 기업체 강사를 양성하고 사회와 소통하는 기업으로 성장시킬 것이다.

담임선생님의 도움으로 둘째 아이는 콤플렉스를 이겨내고 자존감을 지킬 수 있었다. 둘째는 선천성 모반으로 왼쪽 팔에 모반이 거대하게 있고, 털이 길게 나 있다. 이 모반은 수술하고 싶어도 수술할 수 없었다. 또한, 척추측만증으로 인해 정기적으로 서울대 병원에 다니고 있다. 보조기를 착용해야 했고, 수술을 언제 해야 할지 몰라 선천성 모반보다 척추측만증이 시급하다고 판단했다. 아기 때부터 아이는 모반을 숨기지 않고 드러내 온갖 상처받는 말들을 이겨내야 했다. 겉모습이 다르니 놀이터에 가면 아이들에게 몬스터, 괴물, 원숭이, 고릴라라는 말을 들었다. 첫째 아이는 동생과 나가서 놀면 놀림을 받았다는 것에 수치심을 느꼈다.

우리 가족은 둘째가 스스로 설 수 있게 서로 격려해주고 보듬어주며 크고 있다. 견뎌내야 했던 날들이 있었다. 그리고 둘째가 의기소침해질수록 난 더 씩씩하고, 강한 엄마가 될 수밖에 없었다. 이 아이를 위해 나는 미친 사람처럼 더 밖으로 돌아다녔다. 정면 돌파밖에 방법이 없었다. 둘째가 자신을 온전히 받아들이게 하기 위해 나는 사랑하는 둘째 아이에게 "너 원숭이 맞아"라고 모진 말을 할 수밖에 없었다. 그리고 인간의 진화과정 이미지를 보여주고 이야기해줬다. 상처받았던 말과 어떻게든 연결을 시켜 아이가 받아들일 수밖에 없게 만들어야 했다. "인간은 원래 원숭이과였다"라고 상처받은 날이면 잠자기 전 꼭 이야기해줬다.

"이 점은 복점이야!", "아무나 주지 않는 복점이야."

그리고 불시에 수시로 연습시켰다.

"야, 원숭이!", "야, 고릴라!", "야! 몬스터!"," 야! 괴물!"

아이가 "사람은 원래 원숭이과였어. 그리고 이건 복점이야!"라고 자신의 입에서 나올 수 있도록 당당하게 큰 목소리로 이야기할 수 있도록 몇천 번 이상을 연습시켰다. 그리고 "항상 네 뒤에 엄마가 있어!"라는 말을 직접 행동으로 실천하며 '너의 뒤에 엄마가 있다'는 마음을 심어줬다. 태권도 6단, 사회체육자격증, 요가, 유아레크 등 여러 자격증이 있었던 저자는 아이가 자신 없어 했던 신체놀이에 재능기부를 시작했다. 어린이집 원장님, 선생님도 둘째 아이를 잘 알았기에 한마음으로 아이를 성장시켰다. 그리고 저자도 이 기회로 경력단절에서 특수학급 아이들과 방과후수업을 했고, 이어 아이들이 다니는 학교에 수업을 들어갈 수 있었다.

이 아이는 자신을 정말 사랑하는 아이로 크고 있다. 지금 9세가 된 아이는 7세 때 새로운 아이들이 모반에 대해 궁금해하면 당당하게 소매를 걷어붙이며, 신나는 마음으로 "이거 복점이야! 복점 만지고 소원을 빌면 이뤄져!"라고 당돌하게 이야기했다. 이 모습에 마음으로 많이 울었다. '이 아이가 온전히 자신을 사랑할 수 있게 해주셔서 감사합니다'라고 마음속으로 되뇌었다.

하지만 초등학교에 입학하고, 새로운 아이들과 생활하면서 더운 여름이 다가오자 또 점을 숨기려 했다. 보조기를 착용한 탓에 더위를 더 많이 느끼면서도 새로운 친구에게 자신의 복점을 보이는 것을 힘들어했다. 그래서 담임선생님께 부탁을 드렸고, 감사하게 받아주셔서 엄마가 진행하는 협력놀이 시간에 복점을 오픈하기로 했다. 친구들에게 복점을 오픈하기 하루 전날 나는 아이에게 "복점을 궁금해서 만져보고 싶어 하는 친구들이 있을 거야!"라고 말해줬다. 둘째 아이가 "만져보라고 해도 돼?"라고 묻기에 흔쾌히 만져봐도 된다고 말했다. 아이들에게 반팔을 입기 전 나는 친구들 앞에서 질문했다.

"이 반 친구 가운데 특별한 친구가 있는 거로 알고 있는데, 맞나요?"

"아니요." (모두 어리둥절해했다.)

"그럼, 몸이 불편한 친구가 있나요?"

"네." (둘째 아이 이름을 불렀다.)

"나와 볼래요?" (둘째 아이를 앞으로 불렀다.)

나는 둘째 아이의 몸 상태도 알려줬고, 복점도 소개해줬다. 만져보고 싶다는 친구들도 있었다. 만져보게 해줬더니 그 이후로 아이들은 둘째 아이의 점을 궁금해하지 않았다. 아이의 복점을 만지고는 "부드럽다", "우아"라고 말하며 열광해줬다. 그리고 감사하게 둘째 아이를 있는 그대로 받아들였다. 다른 친구들이 둘째 아이 팔의 복점을 잡고 경건한 마음으로 소원을 빌기도 했다. 지금은 둘째가 그 누구보다 주도적으로 자신의 목소리를 낼 줄 아는 아이로 성장하고 있다고 담임선생님께 들었을 때 너무 행복했다. 새로운 환경이 바뀔 때마다 아이는 또 여러 고비가 오겠지만, 이 책이 우리 아이들에게 살아가는 데 큰 힘이 됐으면 한다.

저자는 아이들을 성장시키기 위해 '사회+학교+가정'의 서로 부족한 부분을 보완하고자 적절하게 기관을 이용하고 있다. 가정에서 부족한 부분은 학교+학원(기관)에서 함께 아이들을 키워야 한다. "공교육을 믿으면 안 된다", "공교육이 무너졌다"라는 말에 흔들리지 않길 바란다. 부모보다 선생님들이 아이들의 권리를 더 잘 세워주신다. 우리가 공교육을 신뢰하지 못하고 선생님을 신뢰하지 못하면, 아이도 선생님을 신뢰하지 못한다. 이제는 관점을 바꿔 함께 가야 한다고 말하고 싶다. 코로나로 인해 가정의 역할이 중요해졌지만, 공동체에서 자기 또래 아이들과 함께 부딪히며 다양한 경험을 쌓아야 한다. 그리고 그 무리에서 이해, 인정, 존중, 수용, 칭찬 여러 가지 다양한 키워드가 있지만, 다양한 경험은 서로가 다르다는 것을 인정하게 한다. 이 기회가 주어지지 않으면 아이들은 배울 기회가 줄어들 것이다.

친구들에게 칭찬하는 법을
가르쳐라

저자는 아이들 앞에서건, 혼자 있을 때건 누구의 흉도 보지 않는다. '힘들다, 힘들다' 하고 한탄하면 할수록 맨홀 뚜껑으로 빠져들어 가는 것처럼 꼬리에 꼬리를 물었던 경험을 했었다. 가족, 친구들을 만날 때도 나는 '가족, 친구에게 배울 점은 뭐지?'라는 마음가짐으로 인연을 소중하게 생각하며 나를 발전시켜 나갈 수 있었다. 한책협 김태광 대표코치는 부정적인 사람들과 어울리지 말라고 이야기한다. 나 역시 공감하지만, 어쩔 수 없이 만나게 된다면 이 사람의 단점에 대해 신경을 쓰지 않고, 내가 갖고 있지 않은 장점은 콕 집어보려고 노력한다.

칭찬하는 법을 알기 전 '다른 사람을 욕하는 것을 하지 말라'라고 알려주고 싶었다. 즉, 비난은 남을 욕하고 깎아내리며 자신이 위기에 빠졌을 때 빠져나가려는 수단으로 사용되기도 한다. 부정적인 생각은 대부분 자존감 낮은 아이들이 협력놀이에서 다른 친구들의 '할 수 있다'는 의지를 꺾는 말이다. 목표를 이룰 수 없을 것 같은 기분으로 만들어 놀이에 흥미를 잃게 만들기도 한다. 감정이 앞서 쏟아내는 비난으로 비난이 또 비난이 되고 결국 자신에게 돌아오는 것을 모른다. 절대로 아이들 앞에서 누구를 욕하거나 비난하지 않았으면 한다.

협력놀이 수업시간에 아이들을 처음 만나면 칭찬보다 비난의 말을 많이 사용했다. 비난의 말을 많이 사용하는 날은 불평불만으로 아이들은 서로 앙금이 쌓였다. 서로에게 칭찬과 인정의 말을 해줬더니 칭찬하는 분위기로 바뀌어 친구들과 원활한 관계를 유지할 수 있었다. 남들이 많이 하지 않는 칭찬을 많이 하고 실수에 격려로 위로해줬다. 하면 할수록 나에게도 칭찬과 격려의 말이 돌아온다. 그리고 친구들에게 비난하고 욕하면, 비난을 쏟아내고, 욕을 듣게 된다.

그리고 비난하는 말 속에서 칭찬하게 된다면 칭찬하는 아이의 말이 단연 돋보이는 말이 된다. 혼자 사용하는 것이 아니라 칭찬과 인정의 말을 모두 사용하므로 돋보이는 친구, 돋보이는 가정, 돋보이는 학교 문화로 칭찬과 인정의 문화를 만들어간다. 아이들의 다양한 환경, 성격을 제일 손쉽게 긍정적으로 끌어올리기 위해서는 말과 행동 칭찬과 인정의 말만큼 중요한 건 없다.

우리는 비난과 칭찬 중 어떤 것을 더 많이 사용하며 살아갈까? 아이들이 다른 친구를 대할 때는 자기중심적이고 자기의 관심 위주로 말한다. 이것 또한 가정에서부터 가족과 함께 순서를 정해 연습해야 한다. 저자의 집에서도 계속 꾸준히 연습시키고 있다.

비난하는 사람들은 환경적인 요소가 있겠지만 결국 제자리걸음으로 자기 무덤을 자기가 파며 살아간다. 칭찬하는 말을 건네는 일도 어색하고, 칭찬을 받는 것도 어색해한다. 부정적인 생각이 강한 트라우마로 남아 있기 때문이다. 빠져나오려면 칭찬해주고 인정해주는 사람을 만나야 한다고 말하고 싶다. 사람은 좋은 생각, 말, 행동이 나왔을 때 좋은 분위기를 만들고, 칭찬하는 사람이 많을수록 칭찬의 문화를 만들 수 있다.

우리는 보이고 정형화된 칭찬은 정말 잘한다. 예를 들자면, "예쁘다", "머리 정말 잘 어울린다" 등이다. 친구들은 누구에게나 인정받고, 칭찬받는 것을 원한다. 우리 어른들도 마찬가지다. 자신을 인정해주는 사람을 좋아한다. 상대방이 나를 좋아하게 만들려면 상대를 먼저 인정해주면 된다. 그런데 '줄넘기를 잘하는 아이'로 인정을 받고 싶고, '컵 쌓기를 잘 쌓는 것'을 인정을 받고 싶어 열심히 실행한다고 하자. 이때 이 인정받고 싶은 욕구는 성취 또는 목표에 집중하게 돼 협력놀이에서는 관계가 어긋날 수 있다. 저자는 관계를 중요시하며, 결과보다 과정을 중요하게 생각했다. 과정을 중요시하는 수업에서 성취와 목표에 집중하는 친구는 스스로 '나 잘했어'라는 인정이 위로가 되지 않는다. 다른 누군가 인정하는 상대가 필요하다. 내가 이렇게까지 노력했는데 아무도 나를 알아봐주지 않으면 공허하고 외로워진다.

사람은 인정 욕구를 가진 존재여서 인정 욕구를 과정에 채워줘야 한다. 학기 초반에 친구들이 서로의 이름을 알지 못하고, 서먹서먹해할 때 친구의 이름을 불러주며 칭찬 릴레이를 한 적이 있었다. 칭찬의 규칙은 친구의 이름을 불러주고 친구의 있는 그대로의 사실을 칭찬하기로 했다.

"○○아, 넌 안경이 잘 어울려."
"○○아, 넌 그림을 잘 그려."
"○○아, 넌 발표를 잘해서 자신감이 넘쳐 보여."

있는 그대로 칭찬하기는 아이들을 관찰하지 않으면 어려운 일이다. 칭찬을 누군가에게 하는 건 힘들고 좀 쑥스러운 일이라고 생각했다. 친구들 앞에서 친구에게 칭찬하는 일은 대단한 용기가 필요하다. 저자는 아이들이 작은 목소리로 칭찬하면 다시 큰 목소리로 이야기해줬고, 박수를 받게 했다. 칭찬하고, 격려하는 학교 문화를 만들고 싶었다. 아이들이 칭찬을 어떻게 해야 하는지 조금 알아갔으면 하는 마음이었다.

칭찬은 저자도 어려운 일이다. 칭찬하려면 관찰력도 있어야 한다. 노력하고 있는 모습, 열심히 하는 과정을 보며 바로바로 칭찬해보면 분위기가 많이 달라져 있다. 협력놀이에서는 이렇게 칭찬하는 분위기가 50% 이상을 차지한다. 협력놀이가 잘되려면 아이가 노력을 기울이는 부분은 칭찬받고, 친구들에게 인정을 받아 마음을 열어야 한다. 그러면 아이들은 더 집중하게 되고 더 노력을 기울인다. 격려로 불안이 내려가고 칭찬으로 더 집중하게 되니 팀의 개개인이 모여 협력을 이루고 팀의 목표를 좀 더 빠르게 성공할 수 있었다. 저자는 아이들의 태도를 칭찬하며 긍정적으로 이끌어가려고 노력을 기울였다. 아이들의 행동수정에 도움을 줄 수 있도록 잘하는 아이에게는 좀 더 적극적으로 해주라고 이야기했다.

사람을 만나서 관계를 맺으려면, 상대가 원하는 것에 관심을 갖고 생각해야 한다. '나 먼저'라는 이기적인 생각이라면 우리는 어떤 세상과도 어울리지 못한다. 양육자가 먼저 상대의 욕구에 관심을 기울이고 우리는 그런 욕구를 채워줘야 한다. 그것이 바로 칭찬과 격려의 말이다. 성품을 반듯하게 만들 수 있고, 어떤 일을 하고자 할 때 동기부여가 되는 말로 긍정적 행동을 만들어준다.

그런데 자존감이 낮은 아이는 칭찬도 기술이 필요했다. 연습하지 않고 "칭찬해보자!" 하면, 서로 무엇을 칭찬해야 할지 몰랐고, 왠지 낯간지러워 하는 아이들이 많았다. '칭찬은 고래도 춤추게 한다'라는 말처럼 "잘한다", "최고야!" 하며 잊지 말고 칭찬해주자. 칭찬에도 기술이 있다. 칭찬에 익숙해졌으면, 다른 친구들에게도 칭찬과 격려의 말이 익숙하게 만들어야 한다. 친구들과 조금 더 친숙한 관계를 만들어가기 위해서는 다른 친구가 원하는 것도 파악할 수 있으면 좋겠다. 아이들에게 사회적이고, 창의적이며, 상호작용할 수 있는 환경을 만들어줘야 한다.

이해하고 공감하는
아이로 키워라

공감은 상대의 입장에서 생각해보고 말과 행동으로 이어져야 한다. 인간관계에서 말하기는 피할 수 없다. 말을 잘하면 친구들과 소통을 원활하게 해 이해와 공감을 얻을 수 있지만, 어떤 말은 독이 돼 부정적인 분위기를 만들고, 상대의 의욕과 기분을 한순간에 흩트려 놓는다. 말대답을 따박따박 하는 아이라면 이유 없이 반항하는 아이라고 생각할 것이다. 아이들 입장에서 내면의 소리를 들어주고, 아이의 관점에서 공감하는 마음으로 들어주길 바란다. 어렸을 때부터 관계를 물질로 채우지 말고, 마음으로 이해와 공감을 해줘야 한다. 그리고 논리적인 아이들은 이성적으로 냉철한 판단을 잘한다. 공감과 이해를 더 알려줘야 하는 아이들이다. 태어났을 때의 기질은 우리가 커가면서 채워줘야 한다. 이런 아이들은 이해와 공감능력이 부족해 겉으로 보면 '차갑다'라는 생각이 들 수도 있다. 문제를 감성적으로 다루기보다 사실적으로 다뤄 이해와 공감을 키워야 한다.

협력놀이 수업시간에 조별로 나눠 놀이를 하려고 했다. 그런데 초등학교 6학년 남자아이가 대뜸 "내가 이걸 왜 해야 해요?"라고 한 적이 있었다. 놀이 시간이니 당연히 놀이에 참여하는 것으로 알고 왔을 것이다. 여기서는 대립하기보다 이 아이가 어떤 마음을 가진지 알아보는 것이 중요해 보였다. 강사와 유대감을 쌓고 싶어 가볍게 툭 내뱉을 수도 있지만, 아이의 입장이 궁금했다. 물어보기 전에는 '궁금해서 물어본 건지?', '하기 싫어서 물어본 건지?', '관심을 끌기 위해 물어본 건지?' 추측해서 아이에게 뭐라고 할 수 있는 상황은 아니다. 저자는 아이에게 "지금 협력놀이는 함께하는 놀이이기 때문에 해야 하는 거야"라고 말했다. 이 아이는 "아, 네" 하고 쿨하게 받아들였다. 자칫 잘못하면 '너 나랑 해보자는 거야?'라는 식으로 비칠 수 있다. 아이의 성향을 모르면 '어른한테 말대답한다'라고 오해할 수도 있다. 성향을 파악하지 못하면 의문이 드는 아이다. 말대답을 하면 논리적으로 이해를 시켜야 하는 아이들이다.

누구나 공감 능력은 있지만, 표현하지 못하면 공감 능력이 없다고 생각한다. 내가 지금 처해 있는 상황과 비슷한 사람은 정말 잘 통할 것이다. 이해와 공감도 쉽게 얻을 수 있다. 이것 또한 하나의 행동이 모여 습관으로 만들어지는 패턴이 된다. 좋은 관계를 유지하기 위해서는 사회성을 길러야 하고, 더 깊고 지속적인 관계를 유지하기 위해서는 상대를 이해하고, 공감하는 사람으로 성장시켜야 한다.

아이는 부모의 모습을 보고 자란다고 했다. 아이는 제일 가까운 부모에게 이해받지 못하면, 누구에게도 이해받지 못한다. 부모에게 받지 못한다면 다른 사람에게 나누지 못한다. 세상과 잘 어울리는 아이로 키우기 위해서는 막힘이 없고, 관계도 원활해야 한다. 이해와 공감을 배우지 못한다면, 아이들은 답답하고, 짜증나며, 속상하고, 공허하며, 외로울 것이다. 또한, 문제가 생겼을 때 나를 먼저 되돌아보지 못하고, 남을 원망하게 되는 부정적 연결고리로 이어진다.

협력놀이를 하며 아이들과 다양한 경험을 해봤고, 많은 감정이 교차하는 것을 보았다. 부딪힐 때마다 내 감정은 상하지만, 상대의 생각을 들어보면 그럴 만하고 이해가 간다. 다양한 경험을 해보는 것이 좋지만 그러지 못할 경우, 상대의 이야기를 잘 들어줘야 문제를 해결할 수 있다. 또한, 아이가 세상과 잘 어울리며, 이해하고 공감하는 아이로 자라는 길이다. 아이와 질문하며, 대화를 충분히 하면서 상대의 관점에서 경험해보고, 입장을 바꿔가며 이야기해보자.

어떤 날은 아이들이 서로 이해하고 공감하며 원활하게 수업에 참여하는 반면, 또 어떤 날은 티격태격하며 수업에 참여하기도 한다. 서로 이해하고 공감했을 때 수용, 허용, 인정이 이뤄진다. 이해와 공감이 되지 않았던 수업 사례를 들어보겠다.

6학년 수업에서 '소통'이라는 주제로 아이들의 소통을 끌어내기 위해 실내에서 바퀴 썰매를 탔다. 어수선한 분위기에 담임선생님들은 아이들이 다칠까 봐 노심초사 당황했을지도 모르겠다. 남과 경쟁하지 않아도 경쟁력을 높일 수 있는 연습이 필요했다. 썰매는 앞에서 끌어주고, 뒤에서 밀어주며, 썰매를 타기 때문에 어느 한 친구가 자기 일을 게을리한다면, 다른 친구가 힘들어지는 모습을 바로 알아차릴 수 있다.

썰매를 타다 엉덩방아를 찧어 울었던 친구가 있었다. 이 친구는 왜 울었을까? 상황을 봤을 때 이 아이가 아파서 울었다고 추측할 수 있을 것이다. 그러나 아이의 행동을 보면 아픔보다 민망함이 컸다. 이 아이를 어떻게 인정하고 공감해줘야 했을까? "괜찮아?"라는 친구들의 관심이 격려가 됐다. 울었던 친구가 자리로 들어갔을 때 친해 보이는 여자친구 2명이 다가가 "괜찮아?", "다친 곳은 없어?", "엉덩이 엄청 아팠겠다"라며 아픈 아이를 공감하며 이해하려고 노력했다. 아이는 위로받고 금세 재미있게 조금 더 안전하게 타려고 했고, 밀어줬던 남자아이도 당황한 모습이었지만 여자친구가 괜찮다는 말에 전보다 조심스럽게 썰매를 밀어줬다.

너무 세게 밀어 민망함을 준 친구를 원망할 수도 있다. 이해와 공감은 이렇게 섬세하게 잘 관찰하지 않으면 잘 보이지 않는 것이지만 이해와 공감으로 분위기를 반전시킬 수도 있다. 이해와 공감 안에는 위로가 숨어 있다. 상대에게 관심을 갖고 말과 행동을 잘 관찰하다 보면 잘 보이기도 한다. 이 친구는 밀어준 친구가 고의가 아니었기에 금방 괜찮아져서 밀어준 친구의 마음을 이해해줬다. 상대에게 관심이 있을 때 이해와 공감을 할 수 있다. 이해와 공감도 연습이 필요하다. 아이들이 실수했을 때 긍정적으로 성장하려면 꼭 필요한 것이다. 겉치레 표현은 이해와 공감이 아니다. 마음에서 움직여야 이해하고 공감하는 아이로 성장한다.

우린 서로가 즐거울 때 "너의 즐거운 마음을 이해하고, 공감해"라고 말하지 않는다. 이해와 공감은 긍정적일 때 자동반사적으로 나오는 것이다. 굳이 말로 표현하지 않는다. 이해와 감정은 즐거움을 맞춰간다. 즐거운 마음일 때 한없이 너그럽다가 언짢은 일이 있으면 좁아졌다가 기분이 좋으면 이해하고 공감할 수 있는 마음이 넓어진다.

지금 이 시대에 필요한 경쟁은 타인과의 경쟁도 필요하지만 내 안에서의 경쟁과 더 나아가 내 팀의 경쟁력을 높이는 경쟁이 중요해졌다. 이 관계를 이루기 위해 아이들이 친구들의 입장을 이해하는 공감능력이 있다면 협력 관계로 소통을 원활하게 할 수 있다. 아이들은 이렇게 신나게 놀이에 몰입해 아이답게 놀 수 있어야 한다.

몇 년 전까지만 해도 6학년 아이들은 나답게 놀 수 있는 시간을 많이 가졌다. 체면치레하지 않고, 온전히 나를 드러내며 지냈다. 하지만 지금은 그렇지 못한 아이들에게 잠시 자신을 내려놓고 과거에 썰매 탔던 기억을 되살려 자신을 찾길 바랐다. 아이들은 오랜만에 썰매를 타봤다고 했다. 크면 클수록 신체 에너지가 넘치는데, 오히려 아이들은 손가락 운동만 하는 게임과 친밀해서 염려스러웠다.

아이들은 놀이로 배우고 체험하며 느낀다. 상대가 힘들어하고, 어떤 문제가 발생했을 때 이해와 공감하는 능력은 상대를 안심시킬 수 있다.

위로가 되는 말, 행동은 타고난 것이 아니라 배워가는 것이다. 말로만 하는 것이 아니라 마음이 움직였을 때 더 큰 울림을 느낄 수 있다. 관계도 연습의 연속이다. 이해와 공감하는 아이는 학급 전체에서 일어나는 일들을 전체적으로 통찰하고 흐름을 빠르게 파악할 수 있었다. 상대의 어려움을 알고 능동적으로 격려해주기도 한다.

상대는 역할의 어려움을 알고 있고 격려해주는 말들을 통해 큰 힘을 얻는다. 좀 더 나보다 배울 점이 있는 사람들과의 관계에서 사회성 공부를 할 기회다. 수업하면서 양육자의 입장에서 아이들을 바라보는 것이 아니라, 아이들 입장에서 이해하고 공감하는 것이 더 중요하다고 절실하게 느꼈다.

세상과 막힘없이 잘 어울리는 아이로 성장시키려고 한다면, 부모는 자녀의 나이 때 스스로 어땠는지, 자신과 만나보는 시간을 갖길 바란다. 자녀가 5살이라면 5살의 나를 만나고, 자녀가 13살이라면 13세의 나를 만나보는 것이다. 대부분 과거를 들추고 싶어 하지 않는다. 아이에게 아픈 경험을 털어놓으라는 건 아니다. 내 마음속에서 생각을 정리하며, 아이와 일상에서 소통하는 것만으로도 마음이 아팠던 사건이 연결되어 생각날 때도 있다. 저자는 아이에게 치유받는 경험을 하고 있다. 아이가 직접 위로의 말을 건네주는 건 아니지만, 마음을 나누는 것만으로 다시 긍정적으로 기억해가며 다시 과거를 써내간다.

아이가 작은 용기로 실천하고 행하고 성공했던 경험을 당연하게 생각하지 말고, 기특하게 생각해야 한다. 또 다른 새로운 도전을 할수 있도록 격려해줘야 한다. 아이도 새로운 환경, 새로운 경험을 하면 겉으로는 표현하지 않지만, 내면에서 열심히 식은땀을 흘리며 노력하고 있다. 우리는 노력한 부분을 캐치하고 바로 표현해주면 된다.

저자는 아이들이 할머니와 할아버지, 어른과 이해하고 공감할 수있도록 소통하며 나아가고 있다. 코로나로 인해 아이들과 마음껏 놀지 못해 원활한 관계를 형성하지 못하는 요즘 우리 아이도 친구들과의 관계에서 부재를 느낀다. 아이가 사춘기가 돼 부모 곁을 떠나기전에 부모와 아이, 아이와 친구가 유대감을 형성하면서 이해하고 공감하는 사람으로 자랄 수 있도록 함께 관계를 만들어가고, 이해와 공감의 부재를 줄여나가길 바란다. 이해와 공감의 능력을 키우기 위해 이 또한 연습이 필요하다. 저자도 우리 아이들뿐만 아니라 주변 친구들과 함께 행복한 시간을 채워나갈 것이다. 많은 아이들의 자존감을 세워주기 위해 소통하고 공감하며 아픈 마음을 헤아려주고 싶다.

앞으로는 엄마의 마음으로 학교, 사회, 가정의 삼각형 시스템을 구축하고, 소통하며, 아이들과 함께 성장해가려고 한다. 또한, 작가

이자 강사로, 한국행동교육훈련단 부대표로, 협력놀이 연구소장으로 연구하며 행복한 삶을 살아갈 것이다.

에필로그

　우리가 사용하는 그릇에는 종지, 밥공기, 대접, 양푼 등 다양한 종류가 있습니다. 책 제목의 '말 그릇'은 우리가 말로 표현할 수 있는 적절한 말의 역량과 부적절한 말의 역량을 이야기합니다. 협력 놀이에서 말 그릇은 중요합니다. 아이들은 부적절한 말의 사용으로 감정이 좋지 않아져 협력이 어려워지기도 했고, 반대로 말 그릇이 적절한 아이는 등 돌린 친구를 자기편으로 만들기도 했습니다.

　말 그릇을 키우기 위해서는 가정에서 사용하는 부모님의 언어도 중요합니다. 아이들에게 감정 섞인 말보다는 아이를 인정하는 말로 격려와 응원을 보내줘야 합니다. 저는 엄마가 되고 나서야 비로소 '한마디의 말은 습관이 되어 말의 패턴을 만들어간다'라는 것을 깨달았습니다. 우리 '부모의 말 그릇'이 아이의 인생에 영향을 준다는 사실을요.

우리 아이들이 자존감 높고 행복한 아이로 성장할 방법은 무엇일까요?

저의 둘째 아이는 유아기에 4차례의 수술을 받았습니다. 그 이후 아이는 신체놀이 활동에 무조건 거부반응을 보였습니다. 저는 엄마로서 방관하며 보고만 있을 수는 없었고, 이것이 협력놀이를 시작한 계기가 되었습니다. 이 아이가 자라서 행복한 삶을 누리며 살 수 있는 유일한 방법이 '내면이 단단한 아이로 키우는 일'이라고 생각했습니다. 이는 단순히 내 아이 하나만 잘 키우면 되는 것이 아니었습니다. 교육의 사회화(socialization) 과정은 세상의 모든 아이에게 필요한 과정이고, 내 아이만이 아닌 우리의 아이들이 함께 행복할 수 있는 길이라고 생각했습니다. 그래서 저는 어린이집 재능기부로 시작해서 학교 수업으로까지 연계 프로그램을 적용했습니다.

협력놀이는 대체로 또래 집단끼리 이뤄지는 놀이 활동입니다. 협력놀이를 하는 동안 온 힘을 기울이는 아이들의 모습을 발견합니다. 처음에는 감정표현이 서툴러 우물쭈물하는 모습도 보이지만, 점차 서로 격려하고 응원하며 말 그릇을 적절하게 키우기 위해 노력하는 모습으로 성장합니다. 아이들은 현대사회에 만연한 개인주의 성향을 지양할 뿐만 아니라 스스로 자존감이 높은 아이로 변하는 모습을 보여줍니다.

아이를 키우는 것에 정답이 없듯이 자존감을 높이는 방법도 '이것이다'라는 정답은 없습니다. 다만, 아이의 자존감을 높이기 위해서는 부모의 역할이 중요하고, 부모의 노력이 필요한 것은 분명합니다. 부모가 먼저 자존감이 높아야 하고, 부모만의 교육 철학도 필요하며, 자녀교육에 일관성 있는 자세와 융통성을 발휘해야 합니다.

《아이의 말 그릇으로 자존감 높이는 협력놀이》에 아이의 자존감을 높이기 위한 모든 방법이 담긴 것은 아닙니다. 그러나 부모님들께 도움이 되고자 제가 학교현장에서 협력놀이 수업을 진행하면서 경험하고 연구했던 프로그램을 적용해 담았습니다. 소중한 우리 아이들이 협력놀이로 세상 속에서 어울리며 소통할 줄 아는 건강하고 자존감 높은 아이들로 성장하기를 바랍니다.

그동안 이 책이 나올 수 있도록 묵묵히 지켜보며 격려해준 가족에게 말로 표현할 수 없을 만큼 큰 고마움을 전합니다. 아울러 출간

할 수 있는 동기를 주셨던 하브루타부모교육연구소 김금선 소장님, 한책협 김태광 대표님, 한국석세스라이프 권동희 대표님, 주이슬 코치님, 한책협 가족들과 작가님들께 감사드립니다. 특히, 이 책의 《아이의 말 그릇으로 자존감 높이는 협력놀이》 소재를 제공해주신 한성주 대표님과 이수미 실장님께 진심으로 감사드립니다.

끝으로 이 책의 주인공인 함께 수업했던 아이들과 원활한 수업을 진행할 수 있도록 적극적인 도움을 주셨던 각 반의 담임 선생님들께 진심으로 감사한 마음을 전합니다.

강진하

협력놀이연구소

협력놀이연구소는 가정, 학교, 사회와 함께 더불어 사는 아이로 성장시키기 위해 연구하는 연구소입니다. 협력하며 키워야 한다는 사실을 모두 다 알고 있지만, 코로나19 이후에는 소통이 어려워졌습니다. 이러한 상황에서 협력놀이연구소는 협력놀이로 부모 및 아이들과 함께 소통하고, 연구하며, 성장해가고 있습니다.

한국행동교육훈련단

 한국행동교육훈련단은 조직활성화 전문 컨설턴트 강사진과 퍼포먼스 전문 컨설턴트 강강사진으로 구성됐습니다. 국내 최초로 교육, 문화, 예술, 행사를 기반으로 HRD 컨설팅을 진행합니다. 이벤트 회사와 NGO 단체 컨설팅은 물론, 공공기관 및 기업체 조직 활성화 전문 교육 컨설팅 회사입니다.

아이의 말 그릇으로
자존감 높이는 협력놀이

제1판 1쇄 | 2022년 5월 12일

지은이 | 강진하
펴낸이 | 오형규
펴낸곳 | 한국경제신문*i*
기획제작 | (주)두드림미디어
책임편집 | 이수미, 배성분   디자인 | 얼앤똘비악earl_tolbiac@naver.com

주소 | 서울특별시 중구 청파로 463
기획출판팀 | 02-333-3577
E-mail | dodreamedia@naver.com(원고 투고 및 출판 관련 문의)
등록 | 제 2-315(1967. 5. 15)

ISBN 978-89-475-4811-3 (03590)